汉竹主编•健康爱家系列

坨坨妈：
元气滋补汤

袁芳 / 编著

U0251474

汉竹图书微博
http://weibo.com/hanzhutushu

读者热线
400-010-8811

江苏凤凰科学技术出版社 | 凤凰汉竹
全国百佳图书出版单位

为爱煮汤吧

一汤一饭、一食一味，虽然是一日三餐中最平凡的生活，却是我们最重要的人生态度。

家人之间的爱，付出多少就能得到多少。一碗好汤，是我们能付出的最简单也最真挚的情感。

为爱煮汤吧，给最爱的自己，也给自己最爱的人。

前言

总在抱怨时间不够，总在抱怨越来越忙

走在路上也总是行色匆匆的人们，会否有一天能慢下来

不再简单地以速食快餐打发肠胃

而是沏一壶清茶、做几道佳肴、煲一锅好汤

轻嚼慢咽、细细品味

人生的乐趣，更多的不在功成名就，而在懂得享受

纵有良田万顷，不过日食三斗

纵有广厦万间，不过夜宿一床

身外之物，生不带来、死不带走

只有身体是自己的，唯有健康才能乐享一世

写这本书，是为了那些和我一样忙碌在工作与家庭之间的人们

再忙，也要记得照顾自己；再累，也要记得关爱家人

抽一点时间，守一炉文火，细心慢炖一锅好汤

给自己也给家人最滋润的爱与温暖

四季回转，岁月如流

若总有一碗好汤相伴，我相信我们会更有力地笑着走下去！

目录
Contents

第一章
坨坨妈：好汤的秘密

第二章
坨坨妈传家经典元气汤

第三章
坨坨妈最爱的四季养生元气汤

第四章
孩子益智长身体元气汤

第五章
老人延年益寿元气汤

第六章
男性补肾益精元气汤

第七章
女人美颜焕肤元气汤

第八章
孕产妇补益元气汤

如美食形之于江湖，
那煲汤就是一门武功。
每一位主妇都有自己的独门秘技。
同样的食材，不同的人，不同的煲法，
就会出来不同的味道。

第一章
坨坨妈：
好汤的秘密

幸福是一碗温暖的汤

俗语有言: 宁可食无肉, 不可居无汤。

汤水之爱, 古已有之。

在我看来, 煲一碗原汁原味的好汤, 远比做一桌大鱼大肉的菜要重要。因为饭菜营养的是人的肉体, 而汤水滋养的是人的元气。

所以有时间有空闲的时候, 我必会不惜花费数小时, 精心煲炖一锅好汤, 端到家人面前, 看着他们细细品尝, 眉眼之间的满足, 就是我能收获的最大的幸福。

好的生活其实很简单, 有温暖的食物, 有暖心的家人, 可以去爱也可以被爱着, 这就是幸福。

汤的种类

原汤

返璞归真, 是所有汤品中营养最丰富、食材最丰富的汤。它就像撷取了自然的原生风景, 动物食材的肉、骨, 搭配各类蔬菜、水果、香料或者中药, 熬煮成汤, 滋补身心。

海带排骨汤

浓汤

在原汤的基础上久煮收水, 或加水淀粉勾芡, 汤汁浓稠如粥。如南瓜浓汤、玉米浓汤, 以及本书中的罗宋汤, 都属于浓汤, 这些西餐中的常见汤品, 在自家的厨房中, 可以煲得更贴近家人的口感。

罗宋汤

原汁高汤

高汤

为成就他者而来，有着无私的"绿叶"精神。一般在原汤炖煮完成后，只用其汤而弃料。举例：煮牛肉面，先会用牛肉或者牛骨熬制高汤；做馄饨前，必定会先做一锅鸡汁高汤；做日式拉面，则会用到柴鱼高汤等等。

鲜虾豆腐蛋花汤

淡汤

平易近人，自然清淡。蔬菜、鸡蛋、肉类等稍加炒制，再加水煮沸就成了一锅淡汤。淡汤的炖煮时间较短，属于家常快手汤。下班后，系上围裙，短短数分钟就可以成就一碗恬静清香。没有充足时间来煲老火汤的时候，这是你仍然可以拥有的清爽滋味。

宋嫂鱼羹

羹汤

温和滋润，多是在淡汤的基础上加入水淀粉勾芡，以营造出浓稠的效果。做羹汤时，我会将蔬菜、水果或者肉类切成很小的碎末，然后加入沸水中余熟后即加水淀粉勾芡，如此一来，汤的口感更显鲜爽清淡。

百合莲子炖银耳

甜汤

美汤养女子，自有其法。适宜女性的养生滋补类汤品多为甜汤，如银耳莲子汤、冰糖炖燕窝等。甜汤清润沁爽的口感，让舌尖的味蕾为之舒展，继而雀跃，红颜舒展。好的甜汤亦可滋养全家，如绿豆百合汤、川贝炖雪梨等。

汤水是细熬慢炖中的爱

汤水之爱, 是需要时间成就的艺术。

城市的生活节奏越来越快, 我们总是越来越忙, 越来越累。疲劳工作一天之后, 回到家早已没有半点力气, 吃饭在这时变成了应付, 怎么快快炒几个菜, 让大人孩子把肚子填饱就行。这样的时候, 花三小时煲一锅汤, 是不现实的奢望。

可是周末、假期等空闲的时候呢? 不要被懒觉所诱惑, 早起为家人做羹汤吧! 选上等好料, 守一炉文火, 静心等候一碗好汤。

煲汤

煲汤一般在3小时以上, 不易熟烂的食材, 经大火煮沸, 再用小火熬煮至汁稠肉烂。像大骨汤等, 火力百转千回, 才能炖出其精髓, 为了儿子喝汤时满足的表情, 这点时间对我来说, 不长。

煨汤

煨汤是将新鲜食材直接入锅, 用小火慢慢煮至熟烂。因为食材没有经过焯水或者过油, 汤水沸腾后, 我会将汤上的浮沫一一撇去。煨出来的汤没有因过水或油而损失原汁, 汤味更浓。

炖汤

炖汤分直火炖和隔水炖。直火炖以葱姜炝锅, 食材过油煎或炒至半熟, 淋入汤汁或清水, 烧开后再小火慢炖, 直至皮酥肉烂, 汤汁浓淳。隔水炖一般需要2~4小时。小块的食材, 经过小火慢炖至食材出味, 蒸汽保持着食材的原汁原味, 保证家人能摄取足够的营养。

氽汤

氽汤属于大火速成的烹饪方法, 时间一般在3~10分钟, 适合不宜久煮的食材, 如蔬菜、水果、肉丸、鱼丸等, 只求烫熟, 以保证鲜嫩甜美的口感, 汤味鲜爽不油腻, 很讨家人的欢心。

一口好锅是美好的开始

　　煮汤如同嫁人，并不是好的男人都适合你，只有选择对的人，才能拥有幸福的生活。同样，只有选择正确的锅，才能得到一锅好汤。

直身汤煲和瓦罐

传统煲汤必备，传热均匀、散热缓慢、水分流失少，适宜长时间小火炖煮。小火慢炖，汤水会变得浓郁。煮完汤，切记不可立刻把它搁进水槽，因为未完全冷却的锅底接触冷水，很容易炸裂。

砂锅

比瓦罐更耐烧一些，可以用大火加热。而且它入得厨房，上得厅堂。汤煮成后，可以直接端上桌当容器，赏心悦目又保温，还能少洗一口大汤碗。但用砂锅时，依然不能长时间大火加热，高温时也不能沾冷水。

电紫砂锅

睡前开炖，醒时品汤，懒人必备。睡觉前，把一堆食材扔进锅，加满水，插好电，我就甩手不管了。因为用这类锅，一锅汤起码得炖6小时以上才出味儿。一觉醒来，走进厨房，打开锅盖，好汤已在眼前。平日里的你如果工作繁忙，看着锅内的冷水两三个小时也不见冒个泡，一定会干瞪眼着急，那就千万别去领受它的慢热劲儿。

汤锅

汤锅材质非常多,有铝合金、不锈钢、铸铁、搪瓷
等多种材质,样式也有双耳、长柄等多种选择,模
样百变,色彩丰富,端上桌做容器也是一道靓丽的
风景,如我这般食色主义之人,更是各种全收集。
优点是导热快,省火省电,容积大,可以放下全鸡
全鸭,缺点是火大了水烧干,火小了汤不出味儿,
而且如果是不锈钢材质,还很容易和一些药材发
生化学反应,所以不适合煲老火汤,只适宜用来
煮清淡的汆汤类的汤品,也可以用于煮老火汤之
前将食材过水焯熟。

不粘汤锅

新式煲汤的利器,例如荷家臻品百可味陶瓷汤锅
这样的,可煎可炒可炸可炖煮。它起热均匀迅速,
相对瓦罐和烫煲来说更耐烧耐摔,而且多款还可
以适用电磁炉。煮完汤也能直接端上桌。但这类
锅水分流失比传统瓦煲要快,所以炖煮时间不宜
超过两小时。当我要用到先炒后煮的汤,或者煮
浓汤以及炖时间稍短一些的汤品时,就会选用不
粘汤锅。

高压锅

快速炖汤的能手。将食材一次性入锅,封闭加热
后,通通熟烂,转眼就可食用。但出自高压锅的汤,
汤水清淡,无老火煲汤的浓醇。为了让家人享受
醇美的汤味,我一般不用高压锅来炖汤,除非那
些很难炖熟烂的食材,像豆类或蹄汤等,才会动
用高压锅来炖煮。

食材决定了汤的气质

　　每一碗汤水都是有气质的，如人一般。

　　内才足而生外相，有识有料，才不流于平庸！

　　所以一碗好汤，是从好的食材开始的，最好的材质品相，最佳的营养搭配，最合适的炖煮时间，才能成就一碗最美味的汤。

　　食材的搭配，我一般会一荤搭一素或者二三素，再加点调味提香的药材。比如鱼和萝卜、牛肉和土豆、排骨和海带、鸡和香菇、鸭和山药，营养搭配均衡，是千万人汤锅中"黄金搭档"，也是我煲汤时的常见搭配。

　　有些食材是相冲相克的，特别是一些药材的十八反，如果搭配不当，会产生副作用。我每次想自创一些汤品前，就会先去查各种食材的资料，再咨询熟识的专业人士，毕竟，好喝的前提是健康。

　　食材的新鲜度和品相要严格掌控，如土鸡要挑选当年生爪细毛光滑丰密的，肉质才更嫩滑鲜美，鱼虾蟹在秋后更肥美，肉类观颜色可知其宰杀时间等等。鲜食材入汤味道才更鲜美，所以一般尽量现杀现做，即便请商家代劳，也需在一小时内入锅，以确保新鲜。

　　药材和干货类的食材则无此要求，有些甚至是越陈越好，一方一味，一家一味，这就是因"食"制宜。

技法是主妇的汤水哲学

如美食形之于江湖，那煲汤就是一门武功。

每一位主妇都有自己的独门秘技。

同样的食材，不同的人，不同的煲法，就会出来不同的味道。

什么才是属于你的味道，那就需要自己去摸索体会啦！

对我来说，有些汤水的哲学是必须遵守的。

如食材并非是"齐刷刷"下锅的，我一般会先把鱼、肉类等荤菜先下入锅，再放入蔬菜水果。有些蔬菜不易熟烂入味，炖煮的时间要长一些，那就下早一点，有些蔬菜不宜久煮，甚至只要烫熟即可。

莲藕、山药、梨这一类的食材，切出来以后要马上下锅，否则很快就会氧化变黑，一般情况下，等到临下锅时，我才将它们去皮切块。

如何给汤加调料，也甚有讲究。

广式煲汤，一般加调味料，只加些盐调味，以免掩盖汤品讲究的原汁原味。

汆汤类的清淡汤品，因为本身汤味不浓，可以适当加一些鸡精、胡椒粉之类的调料来调味，以增加鲜度。

而西式、韩式、东南亚风味的炖汤，我会用酱料和香料来提香出味，如此才能做出正宗的风味。

大部分的煲汤，盐都不可早放，因为盐会使肉类食材中的水分很快流失，而且加快蛋白质的凝固，既降低了汤的口感，又不够营养。

同样，鸡精、胡椒之类的调料也不宜早放，要等到关火后再放。尤其鸡精、味精等不宜接触高温，我个人不喜欢在汤中放这些，如果你喜欢这样的口味，那就在温度稍低点时再放。

水火相容方不失为一碗好汤

　　水的多少，直接决定了汤的浓淡和味道。不同的煲汤工具、火力和技法，加水都不同。煮鱼汤要加开水才能汤色奶白，炖燕窝雪蛤之类的补品最好用纯净水。每煲一碗汤，对水的要求都是不同的。

　　直火煲汤，我一般在锅中加入3~5倍的水。汤成后，锅内还有2~3倍的水，那样的汤味是最好的。有些老火汤，一炖就好几个小时，加入的水就要更多了，十碗水烧成一碗水，一点都不夸张。

　　隔水炖汤加的水就不宜多，我的标准是小盅半料半水为佳，即1∶1。因为隔水炖并不损失水分，如果密封不好，反而会增加水分，致使汤味过淡，所以加水尽量少，最大限度地保证食材的原味。

　　水与火，从不相容，但为了成就我们口中的好汤，它们相依于一锅，共同熬制出醇美的汤味。大火还是小火，每一种火力烧多长时间，都得根据锅具的性质、食材的大小来判断的，无法同一而论。每煲一碗汤，就像是在为做煲汤达人刷经验值，只有做得多了，你才能修炼到顶级。

筒骨莲藕汤，湖北汤品，
以猪大骨加莲藕，
用土砂锅煨制而成。
骨汤浓淳，莲藕粉烂、绵甜，
成汤极致鲜美。

第二章

坨坨妈传家

经典元气汤

元气滋补

瓦罐鸡汤是一道传统名汤，属于湖北菜中的代表作。选用黄陂、孝感地区的黄色老母鸡为主料，以特制的瓦罐在小火上长时间煨制而成。因瓦罐受热均匀，老母鸡经过长时间的小火煨制，骨酥肉嫩，汤汁稠浓，味道鲜美。此汤香味浓足、口感酥鲜，且营养丰富，加上红枣或枸杞子等温补性食材，有祛寒养阳的功效，是冬令食补的佳肴。

瓦罐鸡汤

家常必备元气汤

准备好

2斤半老母鸡1只

干香菇30克

干黄花10克

红枣15克

花椒7~8粒

桂皮1片

八角1个

姜片20克

植物油40克

料酒10克

盐适量

白胡椒粉少许

水适量

这样炖

❶ 干香菇、干黄花用清水浸泡至涨发，去蒂洗净；

❷ 母鸡宰杀清理干净后剁成小块；

❸ 炒锅入油，烧至八成热后转小火，下入姜片、花椒、桂皮、八角煸香；

❹ 转大火，下入鸡块，翻炒至断生，鸡皮出黄油，然后倒入料酒烹香；

❺ 将鸡肉转入瓦罐中，加入香菇、红枣、黄花，然后加入水至瓦罐九分满；

❻ 盖上盖子，最小火炖2小时，最后20~30分钟加盐，起锅时加白胡椒粉调味即可。

坨妈碎语

❶ 鸡一定要选用老母鸡，土鸡最好，鸡肉一定要过油爆香，然后用小火慢炖。

❷ 加盐不可过早，否则鸡肉口感会老，是否添加鸡精随个人喜好。

元气滋补

酸萝卜老鸭汤是川菜中的经典炖汤，以四川泡菜中的酸萝卜和泡椒加老鸭小火慢炖而成。不仅酸爽开胃，也能大补虚劳、滋五脏之阴、清虚劳之热、补血行水、清热健脾。此汤一般以整鸭炖制，食用时骨酥肉烂、入口即化，鸭肉在此汤中反而已不是主角，味道的精华已悉数融入汤中。所以各地也多有以此汤做火锅食用，配以各种蔬菜、肉类、豆制品来涮食，同样鲜美异常。

酸萝卜老鸭汤

开 胃 清 火 温 补

准备好

2斤半左右老鸭1只

酸萝卜老鸭汤汤料1袋

干香菇20克

姜片15克

红枣15克

水适量

这样炖

❶ 老鸭宰杀处理干净;

❷ 干香菇用清水浸泡至涨发,去蒂洗净;

❸ 取一大锅,加入大半锅水煮沸,然后下入老鸭汆至刚刚断生;

❹ 将汆过水的鸭取出放入大汤煲中,加入香菇、红枣、姜片,然后倒入与鸭肉齐平的水;

❺ 煮至沸腾后,下入酸萝卜老鸭汤汤料搅拌均匀;

❻ 盖上锅盖,以最小火慢炖2小时即可。

坨妈碎语

❶ 要选用老鸭,青头最好,这样清火滋补的功效才更佳。

❷ 用陶煲、紫砂、砂锅、瓦煲等这一类保温效果好的慢炖锅,才能煲出十足老火汤的原汁原味。

❸ 酸萝卜老鸭汤的汤料一般超市或者网上均有售,推荐品牌"毛哥"。因汤料本身味道已经很足,只要按比例兑水,一般无须再加任何佐料。

元气滋补

　　筒骨莲藕汤是湖北的代表汤品, 一般以猪大骨加洪湖、嘉鱼等湖区盛产的莲藕, 用土砂锅煨制而成。制作此汤极其讲究选材和火功, 骨汤色白、浓淳, 莲藕粉烂、绵甜, 成汤极致鲜美。此汤有丰富的骨胶原等多种营养成分, 可补心益肾、强壮筋骨、滋阴养血、润燥安神, 是冬季滋补的上选。

筒骨莲藕汤

补 钙 健 脾 胃

准备好

猪大骨1根

莲藕2节

姜片20克

料酒10克

盐3勺

鸡精适量

白胡椒粉少许

小葱末适量

水适量

这样炖

❶ 猪大骨清洗干净后，剁成大块，用清水浸泡2小时以上，以析出血水；

❷ 取大砂锅，倒入大半锅水，然后将泡好的大骨捞出，下入锅中，开大火煮至沸腾，用滤网打去浮沫；

❸ 姜片入锅，加入料酒，盖上锅盖，最小火炖4小时；

❹ 莲藕去皮洗净，滚刀切成大块，砂锅转大火下入莲藕，煮至再次沸腾时转小火再焖30分钟；

❺ 煮至莲藕粉烂，用筷子可以轻易插入时就炖好了；

❻ 关火前15分钟加盐，起锅时加少量鸡精、白胡椒粉调味即可，装碗时表面撒上少量小葱末。

坨妈碎语

❶ 猪大骨要带肉多、骨粗油厚，才能炖出够粉烂的莲藕。

❷ 适合煨汤的是淀粉质含量更高、甜度更高的藕，一般11孔以上的藕，淀粉质含量会更高。

❸ 煨筒骨莲藕汤讲究的是小火慢炖，宜用砂锅，切记不可用高压锅，不可用铁制、铝制、不锈钢锅具，因为莲藕遇金属物质会变红变黑，影响成品美观。

一元气滋补

　　海带排骨汤是最常见的家常汤品之一，因其食材常见、制作简单、汤鲜味美、四季皆宜，所以深受大众喜爱。此汤营养丰富，海带和排骨中含有充足的钙质、蛋白质、维生素和矿物质，尤其海带中碘含量很高，可促进新陈代谢，改善水肿。对女性减肥、孕妇、儿童和老人补钙都是极好的食疗佳品。

海带排骨汤

补碘补钙好滋味

准备好

排骨3根
海带结300克
姜片15克
水适量
盐2小勺
鸡精适量
白胡椒粉少许
小葱适量

这样炖

❶ 排骨洗净,剁成1寸长的小段;

❷ 将剁好的排骨过沸水汆至刚断生,捞出沥水备用;

❸ 海带结洗净泥沙,备用;

❹ 取一汤煲,下入汆过水的排骨、姜片、海带结;

❺ 加入水至汤煲约九分满;

❻ 盖上盖,大火煮沸后转最小火,炖2小时即可,关火前30分钟加盐,关火后加鸡精和白胡椒粉调味,装盘时放入小葱。

坨妈碎语

❶ 排骨的处理方式因各人口味而异,喜欢汤清爽不油腻的,可用过水法;而喜欢油厚重肉味浓的,可将排骨过油爆香后再炖汤。不过用过油爆的排骨汤,要先炖排骨,最后30分钟再下海带,如果下得过早,海带就炖化失形了。

❷ 海带打结部分会包含泥沙,所以要多次浸泡冲洗,如时间充足,可一个个打开洗净再结上。

元气滋补

虫草花是培养基里人工培育出的蛹虫草, 和传统冬虫夏草相比, 区别只是没有虫体。但其价格相对低廉, 也有相当高的营养价值, 所以成为最近几年食疗市场的新宠。常食虫草花, 可有益肝肾、补精髓、止血化痰, 加上补髓益筋骨的脊骨和抗衰降压的玉米一起炖汤, 是非常清补温润的、适合秋冬季节的一碗好汤。

虫草花玉米龙骨汤

清 润 滋 补 益 筋 骨

准备好

猪脊骨400克

玉米2根

虫草花20克

姜片5片

料酒5克

水适量

盐3小勺

鸡精适量

白胡椒粉适量

这样炖

❶ 脊骨剁成小块，洗净备用；

❷ 玉米切成1寸左右长的小段；

❸ 虫草花用清水泡发后捞出沥干；

❹ 汤锅注水煮沸，下入脊骨煮至再次沸腾，打去浮沫后将脊骨捞出；

❺ 将汆水后的脊骨和玉米、姜片、虫草花倒入压力锅，加入2.5倍的水，加入盐和料酒搅拌均匀；

❻ 盖上锅盖，煲25~30分钟，开盖后加入适量鸡精和白胡椒粉调味即可食用。

坨妈碎语

❶ 脊骨汆水时不可久煮，只要煮出浮沫即可。

❷ 汆水时要注意去除浮沫，也可将汆过水的脊骨过水冲洗，残留杂质过多，会让汤的口感变苦变涩。

❸ 此汤如果不用高压锅，换成普通砂锅或者汤煲，时间调整为2小时，先煮排骨，盐、虫草花和玉米在最后30分钟下入。

元气滋补

番茄牛腩汤是非常经典的家常炖汤之一。牛肉的香浓酥烂，加上炖化成酱的番茄，以番茄的酸甜中和了牛肉的腥膻味，让这道汤倍添鲜爽。同时番茄的高维生素C，加上牛肉的高蛋白和各类微量元素，为人体提供充足的营养。常食可补中益气、滋养脾胃、强健筋骨。所以这道酸爽开胃的番茄牛腩汤你一定要尝试一下哦！

番茄牛腩汤

酸爽开胃益元气

准备好

牛腩肉500克

番茄2个

料酒、姜片各15克

大葱10克

盐2勺

植物油60克

水适量

鸡精半小勺

白胡椒粉少许

这样炖

❶ 牛腩肉洗净，提前浸泡2小时泡出血水，分切成4厘米见方的小块，用料酒、姜片、大葱腌渍30分钟；

❷ 将腌好的牛肉过沸水汆至刚刚断生即可；

❸ 整番茄过开水烫1分钟，剥去外皮后切成和牛肉差不多大小的块；

❹ 汤锅入油，大火烧至八成热时，下入姜片、大葱煸香，然后下入番茄，翻炒至出水，再下入汆过水的牛肉；

❺ 加入水约至汤锅八分满即可；

❻ 加盖，大火煮沸后转最小火，炖2小时，水分收至5~6成干，关火前30分钟加盐，关火后加鸡精、白胡椒粉调味即可。

坨妈碎语

❶ 番茄要去皮才能炖成浓汤状。

❷ 此汤属于浓汤一类，所以汤汁浓稠、水分较少才是正确的，不要因为水分收干而在中途加水，会影响汤的浓度和口感。

元气滋补

　　鱼头营养价值极高，富含人体必需的卵磷脂及不饱和脂肪酸，对降低血脂、健脑及延缓衰老有好处。而白萝卜味甘、辛，性凉，入肝、胃、肺、大肠经，具有清热生津、凉血止血、下气宽中、消食化滞、开胃健脾、顺气化痰的功效。鱼头和白萝卜入汤，可温补清润，开胃消食，是男女老少皆宜的常用滋补汤品。

鱼头萝卜汤

老少皆宜滋补汤

准备好

鱼头1个

白萝卜1根

姜片、料酒各15克

盐2勺

植物油60克

开水适量

鸡精半小勺

白胡椒粉少许

小葱1根

这样炖

❶ 鱼头去鳞去鳃，从中对剖成两半，将鱼头表面撒少许盐均匀抹一遍，然后加姜片、料酒腌渍15分钟；

❷ 白萝卜去皮，切成5毫米左右厚的片；

❸ 不粘汤锅入油，大火烧至八成热时转中火，下入姜片煸香，再下入鱼头，中火煎至两面焦黄起皮；

❹ 锅中倒入开水，以刚没过鱼头为宜，转大火煮沸，撇去浮沫，然后下入切好的白萝卜片；

❺ 盖上锅盖，大火煮至再次沸腾时转最小火，炖40分钟；

❻ 至汤色奶白时关火，关火前10分钟加盐，关火后加少量鸡精和白胡椒粉调味，起锅后加小葱摆盘即可。

坨妈碎语

❶ 鱼头一定要新鲜，活鱼现杀最好。

❷ 煮鱼汤加入的水最好为开水，开锅后浮沫要清除干净。

❸ 盐不可早下，炖煮的时候要够长。

元气滋补

　　滑蛋是闽粤一带的特色烹饪方法，一般是指将鸡蛋打散后，包裹各种肉类、鱼类，或炒或煮而食。原理是通过蛋液给食材加上一层包浆，从而在水煮或者油炸的过程中，使食物保持鲜嫩，不让肉质变得过老。鱼片含丰富蛋白质，是很容易煮熟的食材，沸水下入几秒即熟，多煮片刻即会口感柴老，所以用滑蛋的做法非常适合。

滑蛋鱼片汤

清爽营养高蛋白

准备好

2斤半左右草鱼1条

鸡蛋1个

生粉10克

盐2勺

料酒5克

白醋3克

葱花10克

水适量

植物油30克

鸡精半小勺

白胡椒粉少许

这样炖

❶ 草鱼宰杀，去鳞去鳃去肠，清理干净；

❷ 去鱼头、鱼皮、剔骨，留下净鱼肉；

❸ 将鱼肉切成约2毫米厚的薄片；

❹ 将鱼片置于碗中，加入料酒、白醋、1勺盐、生粉、鸡精和白胡椒粉，用手抓揉均匀，然后鸡蛋打散倒入鱼片中，轻轻拌匀；

❺ 锅中倒入约半锅水，加入1勺盐、植物油，搅拌均匀，大火煮至沸腾；

❻ 下入鱼片迅速拨散，至鱼肉变白时关火，加鸡精、白胡椒粉调味，最后撒上葱花即可。

坨妈碎语

❶ 鱼肉一定要新鲜，最好现杀现做，这样口感最鲜嫩。

❷ 草鱼也可以换成任何一种鱼肉，无刺鱼更佳。

❸ 腌渍鱼肉时，加入料酒和白醋可去除鱼肉的腥味，白醋也可用柠檬汁代替。

❹ 一定要沸水下鱼片，余烫30秒左右至鱼肉变白立刻关火，时间稍长就会让鱼肉煮老，影响嫩滑的口感。

一 元气滋补

性温的羊肉，最适宜于冬季食用，可补元气，治虚寒，益气血。胡萝卜羊肉汤，是冬令进补最家常的一款汤品，有暖胃祛寒、治气喘咳嗽、补腰益肾、养元补血之功效。

胡萝卜羊肉汤

驱 寒 补 气 营 养 足

准备好

羊腿骨 1000 克

胡萝卜 2 根

姜片 10 克

料酒 15 克

盐 2 小勺

鸡精半小勺

白胡椒粉少许

水适量

这样炖

❶ 羊腿骨剁成大块,放清水中 4 小时以上,浸泡出血水;

❷ 将羊腿骨过沸水氽烫至断生后捞出;

❸ 汤锅注水,下入羊腿骨、姜片和料酒;

❹ 盖上锅盖,大火煮沸后转小火,炖 2 小时;

❺ 胡萝卜去皮滚刀切大块;

❻ 2 小时后,汤色炖至淳白,加盐,下入胡萝卜,再炖 15 分钟关火,加鸡精、白胡椒粉调味即可。

坨妈碎语

羊腿骨最好提前浸泡出血水,煮汤时加料酒生姜以去除腥味。盐不可早放,以免羊肉过老,汤失其鲜美。胡萝卜并不宜久煮,以免营养成分流失,所以最后下入,炖至熟烂即可。

元气滋补

以汤进补, 养生保健, 并不是中国人的专利, 在很多亚洲国家, 都有非常好的药膳汤品。其中我个人最喜欢的, 就是韩式的参鸡汤。韩国盛产人参, 人参自古以来拥有"百草之王"的美誉, 更被东方医学界誉为"滋阴补肾, 扶正固本"之极品。以人参和鸡肉入汤, 可大补元气、复脉固脱、补脾益肺、生津止渴、安神益智。是冬季固本培元、滋养元气的最佳汤品。

韩式参鸡汤

养元补气益身体

准备好

2斤以下仔鸡1只

糯米50克

红枣10克

板栗仁5粒

松仁15克

姜片10克

人参1支

盐2勺

糯米酒10克

鸡精半小勺

白胡椒粉少许

这样炖

❶ 糯米、红枣淘洗干净，用清水浸泡4小时以上；

❷ 鸡宰杀不要开膛，从屁股后开一小洞，将内脏掏出，清洗干净；

❸ 剁去鸡爪，将糯米滤出，加入红枣、板栗仁、松仁混合均匀后，将一半材料塞入鸡腹中；

❹ 用牙签把鸡腹上的开口穿起来封死，用小刀在一只鸡腿上刺个洞，再把另一只鸡腿穿进去，形成交叉状；

❺ 将剩余的一半材料倒入石锅中，再放入整鸡、人参、姜片，加入水至九分满；

❻ 盖上盖子，大火煮沸后倒入糯米酒，转小火，炖1小时。关火前20分钟下盐，关火后加鸡精、白胡椒粉调味即可。

坨妈碎语

❶ 韩式参鸡汤的鸡不可过大，1斤半左右即可。

❷ 如果用保鲜参可冲洗一下直接炖汤，如果用干人参，用冷水浸泡至软化后再炖汤。

元气滋补

罗宋汤是西餐中最常见的开胃例汤，因其酸酸甜甜的口感而深受人们喜爱。这道汤原料丰富，食材营养搭配均衡，口味老少皆宜，是值得收藏的传家经典元气汤哦！

罗宋汤

多重营养滋味足

准备好

牛腩肉500克

番茄2个

洋葱半个

胡萝卜半根

西芹3小根

大蒜1头

黄油25克

盐2小勺

番茄酱40克

百里香碎少许

罗勒碎少许

黑胡椒粉适量

水适量

这样炖

❶ 牛腩肉洗净，在清水中浸泡4小时析出血水后捞出，切成小块，过沸水氽熟，捞出冲洗干净；

❷ 番茄、洋葱、胡萝卜、西芹、大蒜切小丁；

❸ 炖锅烧热，下黄油加热至溶化，然后下洋葱、大蒜煸炒出香，再下胡萝卜、西芹、番茄丁，翻炒至出汤，加盐、百里香、罗勒碎、番茄酱翻炒均匀，小火炖煮5分钟；

❹ 然后加入牛肉块炒匀，最后加入2倍的水；

❺ 搅匀后盖上锅盖，大火煮沸后转小火，炖40分钟；

❻ 最后开盖大火收汁，收至汤汁浓稠即可关火，起锅时加少量黑胡椒粉调味。

坨妈碎语

❶罗宋汤的食材中只有基础的番茄和番茄酱不可少，其他各类蔬菜都可随个人喜好替换。

❷此汤不建议用高压锅来炖压，要用炖锅长时间小火慢炖出牛肉的浓淳味道，番茄要炖至无形，才能成就一锅好的浓汤。

夏季家常必备甜汤中，
红豆薏米汤是必不可少的一道。
在梅雨季节潮湿闷热的天气中，
多饮此汤，可排除湿气、行水排毒，
是极好的保养汤品。

第三章
坨坨妈最爱的
四季养生元气汤

元气滋补

　　腌笃鲜，江南名汤，是上海本帮菜、苏帮菜、杭帮菜中最具代表性的汤品之一。此汤口味鲜咸，汤白汁浓，肉质酥肥，笋清香脆嫩，鲜味浓厚。主要是春笋和鲜咸五花肉片一起焖煮，"腌"就是咸的意思；"笃"就是用小火焖的意思；"鲜"就是新鲜的意思。饮此汤，可滋阴益血、化痰消食、利便明目，是春季养生的首选汤品。

腌笃鲜

清肺化痰益肾补脾

准备好

咸肉、五花肉各50克

百叶结、春笋各100克

姜片10克

植物油40克

小葱3根

盐适量

鸡精、白胡椒粉各少许

水适量

这样炖

❶ 百叶结洗净，咸肉切片，五花肉切片；

❷ 春笋切片洗净；

❸ 汤锅入油，烧至八成热时，下入姜片、五花肉片，煎至肥肉出油，然后下入咸肉翻炒均匀；

❹ 下入笋片，加大半锅水，小葱打结放入锅中；

❺ 不加盖煮至沸腾时，下入百叶结；

❻ 打去表面浮油，再小火煮15分钟即可关火，加适量盐、鸡精、白胡椒粉调味即可。

坨妈碎语

❶ 此汤讲究汤清味浓，要看着汤清如水，但入口滋味足，所以火候的控制是关键。第一不能盖锅盖；第二火不可过大，小火微沸即可，稍一开锅汤即混浊；第三要打去浮油，过多的油脂漂浮在表面会让人感觉油腻，汤的味道就不鲜爽。

❷ 盐的用量取决于咸肉的咸度，可依据实际情况和自己的口味适当添加。

元气滋补

　　黄颡鱼，又名昂刺鱼、黄腊丁、嘎牙子、黄鲇鱼等。此鱼肉质细嫩肥美，刺少肉甜，营养价值极高，常食可行水消肿、祛风除湿。蒿菜学名野茭白，是春季最天然的水生蔬菜，可解热毒、清烦渴。这两种食材用来煮汤，虽不似其他鱼汤那样浓厚淳白，但胜在清淡鲜甜，且清火润燥，是春季养生的上佳选择。

蒿菜黄颡鱼汤

养阳祛风益脾胃

准备好

黄颡鱼 500 克

蒿菜 300 克

姜片、小葱各 10 克

植物油 50 克

料酒 5 克

盐 2 勺

鸡精半小勺

白胡椒粉少许

水适量

这样炖

❶ 黄颡鱼从喉下撕开，取出肠管，流水冲洗干净；

❷ 蒿菜洗净掐成 1 寸左右长的段；

❸ 姜片切丝，小葱切长段；

❹ 汤锅入油，烧至八成热时，下入姜丝小火煸香，转大火，下入黄颡鱼两面各煎 1 分钟；

❺ 下入料酒烹香，加入水约至八分满；

❻ 盖上锅盖，大火煮沸后转小火，再炖 20 分钟；

❼ 加盐，转大火煮沸后下入蒿菜；

❽ 煮至再次沸腾后再煮 1 分钟关火，加鸡精、白胡椒粉调味，最后撒上小葱段即可。

坨妈碎语

❶ 黄颡鱼的鱼肉非常嫩，所以煎制的时候要注意轻轻翻动，不要过于用力，以免鱼身被弄断或者皮肉被铲破，影响美观。

❷ 加入料酒可去除鱼汤的腥味。

❸ 蒿菜开锅后下入，不可久煮，以免营养流失。

元气滋补

韭菜,别名壮阳草,男性多食可充实阳气,增强抵抗力,抵御风邪。豆腐富含优质蛋白,能迅速补充人体内加速分解的蛋白质,增强机体抵抗力。基于此,这道韭菜豆芽豆腐汤,既能养阳益胃,又能防治疾病。除了食疗功效以外,此汤本身的口味也非常清爽鲜美。

韭菜豆芽豆腐汤
养阳益胃防春困

准备好

黄豆芽200克
韭菜30克
内酯豆腐200克
植物油40克
盐1勺半
鸡精半小勺
白胡椒粉少许
水适量

这样炖

❶ 黄豆芽掐去根部，洗净备用；

❷ 韭菜洗净，切成1寸左右长的小段；

❸ 内酯豆腐切成正方小块；

❹ 汤锅入油，大火烧至九成热，下入韭菜和豆芽翻炒1分钟；

❺ 加入盐和适量水，搅拌均匀；

❻ 煮至沸腾后下入豆腐块，煮至再次沸腾后关火，加鸡精、白胡椒粉调味即可。

坨妈碎语

❶ 此汤以蔬菜为主，不宜久煮，时间过长会造成营养流失。

❷ 豆芽和韭菜过油炒一下，汤的味道会更足，同时也可去除豆芽的生腥味。

❸ 最好开锅煮汤，不要盖上锅盖，以免韭菜的颜色变黄，影响美观。

元气滋补

广东糖水是养生甜汤中不可或缺的一款，而这道竹蔗马蹄甜汤，又是其中最广受欢迎的一道。不仅因为它味道清甜，可清热解毒、生津止渴、滋阴润燥，最主要是因为此汤对于春季预防流感有奇效。所以每到春天，家里老人都喜欢煮这道糖水给孩子们喝，以保身体健康，不感冒。

竹蔗马蹄甜汤

预 防 流 感 效 果 好

准备好

马蹄500克

甘蔗500克

冰糖适量

水适量

这样炖

❶ 马蹄去蒂部，用刷子刷洗干净；

❷ 甘蔗去皮切成小段；

❸ 冰糖备用；

❹ 取一大汤煲，下入甘蔗、马蹄，倒入约大半锅水；

❺ 盖上锅盖，大火煮沸后转小火，炖1小时即可；

❻ 关火前10分钟开盖尝一下甜度，根据各人口味加入适量冰糖搅拌至溶化即可。

坨妈碎语

❶有人说马蹄表面有多种寄生虫，最好削皮后食用。但事实上马蹄多半的营养是集中在皮上的，只有带皮煮的马蹄才有预防感冒的功效，一般只要煮的时间够长，是完全可以杀死寄生虫卵和细菌的，所以建议还是带皮煮比较好。

❷此汤天然清甜，不用加太多冰糖，喜欢清淡口味的，可以完全不用加冰糖。

一元气滋补

夏季家常必备甜汤中，红豆薏米汤绝对是必不可少的一道。此汤因为显著的排寒除湿功效，千百年来倍受推崇。在梅雨季节潮湿闷热的天气中，多饮此汤，可排除身体湿气、行水排毒，是极好的保养汤品。

红豆薏米汤

祛湿解毒除暑热

准备好

红豆100克

薏米、冰糖各50克

水适量

这样炖

❶ 红豆、薏米、冰糖备用;

❷ 将红豆、薏米过水淘洗干净;

❸ 将红豆、薏米倒入高压锅中,加入约8~10倍的水,然后下入冰糖;

❹ 盖上锅盖,大火烧上汽后转小火,炖30分钟即可。

坨妈碎语

❶ 豆类炖汤一般很难熟烂,所以想方便、快捷,推荐使用高压锅。

❷ 如果不想用高压锅来炖汤,觉得砂锅煲汤更出味道的,红豆和薏米就需要事先浸泡,一般提前浸泡一夜,再用砂锅等汤煲炖制1小时左右即可。

一 元气滋补

夏季暑热邪盛,湿气重,同时心火旺,人易烦燥,需多食清热除湿的食物。所以夏季的养生汤品中,首选绿豆。只是简单地加糖炖煮,就能清热消暑、利水解毒,同时对预防痘痘、麻疹等皮肤病也有很好效果。如果再加上同样解暑消渴、养心安神的莲子和百合,这样一碗汤,不仅可清心火、解肝毒,对皮肤美容也是极好的。

莲子百合绿豆汤

滋 阴 祛 火 安 心 神

准备好

磨皮白莲（莲子）100克

百合10克

绿豆100克

冰糖60克

水适量

这样炖

❶ 莲子用清水浸泡2小时以上；

❷ 百合用清水浸泡至涨发；

❸ 绿豆洗净；

❹ 绿豆与莲子、百合、冰糖一起倒入高压锅中；

❺ 加入适量的水；

❻ 盖上锅盖，大火烧上汽后转小火，炖30分钟即可。

坨妈碎语

❶ 干莲子直接煮汤不易熟烂，所以一定要事先浸泡。

❷ 加水和冰糖的比例按各人口味来调节，喜欢浓一点的汤就少放水多放冰糖，喜欢清爽一些的就多放水少放冰糖。不过莲子和绿豆的涨发性都很好，所以水也不能过少，一般水的比例约在食材的8~10倍为佳。

一元气滋补

冰镇的酸梅汤无疑是夏天最受欢迎的一道饮品。酸梅汤具有消食和中、行气散瘀、生津止渴、收敛肺气、除烦安神之功效，是夏季不可多得的解暑圣品。市售的瓶装酸梅汤都含有大量的防腐剂和人工香料，而市售的半成品酸梅膏，更是用香精和化工原料勾兑的，不是真正的酸梅汤，所以想喝真正的酸梅汤，还是买材料自己煮吧！其实做起来也很简单的。

桂花酸梅汤

解暑消渴助开胃

准备好

甘草 10 克

山楂 15 克

乌梅 20 克

冰糖 30 克

干桂花适量

水 1000 克

这样炖

❶ 甘草、山楂、乌梅、冰糖置于盘中备用；

❷ 将所有原料倒入汤煲中，加入水约至八分满；

❸ 盖上盖子，大火煮沸；

❹ 沸腾后转小火，开盖搅拌一下，至冰糖完全溶化，再盖上盖子，煮 30 分钟关火；

❺ 将汤汁过滤一遍，滤出所有汤料；

❻ 最后在表面撒上干桂花即可，放入冰箱冷藏过后饮用口感更佳。

坨妈碎语

❶ 乌梅、山楂、甘草的比例一般为 3：2：1，甘草多了味会苦，所以不可多放。

❷ 冰糖的量可随个人口味增加或者减少，也可用蜂蜜代替冰糖。

🥄 元气滋补

　　酷暑时节，热毒尤盛，所以需多食清凉解火的食物。在夏季食材中，最好的就数苦瓜了，苦瓜含有蛋白质、脂肪、钙、磷、铁、胡萝卜素、多种矿物质和维生素。夏季多吃苦瓜，可清热祛暑、明目解毒、降压降糖、利尿凉血、解劳清心。苦瓜加上薄荷与鸡肉入汤，可消热祛暑，解毒败火，是夏季清补的上佳汤品。

苦瓜薄荷炖鸡

清 热 解 毒 安 心 神

准备好

2斤左右土仔鸡1只

料酒、姜片各10克

薄荷叶50克

苦瓜200克

盐2勺

水适量

这样炖

❶ 土仔鸡宰杀清理干净；

❷ 仔鸡剁成小块，置于大碗中，倒入料酒拌匀，腌渍20分钟；

❸ 将鸡块过沸水汆至刚断生后捞出；

❹ 苦瓜去瓤切片，薄荷叶洗净；

❺ 汤煲中倒入鸡块和姜片，加入水约至九分满；

❻ 盖上盖子，大火煮沸后转小火，炖1小时后开盖子，下入苦瓜和薄荷，加入盐，再煮10分钟左右关火即可。

坨妈碎语

❶ 此汤重在清热祛火，最好选用油脂更少、肉质更细嫩的仔鸡。鸡肉不宜过油，最好用过水法断生，而且在炖制过程中鸡皮会出油，所以不用另外加油烹饪。

❷ 配料中我没有给鸡精和白胡椒，可以根据自己口味自行决定是否加入。胡椒粉生火，与此汤功效相背，不建议加入。

元气滋补

夏季炎热，人们不喜食荤，所以汤以清素为主，但为了保证营养，荤食也是很有必要的。鳝鱼就是夏季非常好的营养补品，本身高蛋白低脂肪，用来做汤，清爽不油腻，且味道鲜美至极。常食鳝鱼可清热解毒、凉血止痛、祛风消肿，皮蛋可泻肺热、祛肠火，豆腐能宽中益气、生津润燥，这三种食材的结合，不仅在功效上相得益彰，而且味道和营养也是一流的哦！

皮蛋豆腐鳝鱼汤

凉 血 除 湿 除 烦 躁

准备好

鳝鱼500克

皮蛋2个

内酯豆腐1盒

姜片10克

料酒15克

油40克

盐2勺

鸡精半勺

小葱适量

水适量

这样炖

❶ 鳝鱼去肠剔骨洗净，斜切成约1寸长左右的小段，加入姜片和料酒拌匀，腌渍30分钟；

❷ 皮蛋剥壳切成瓣状；

❸ 内酯豆腐切小块；

❹ 汤锅入油，大火烧至八成热时转小火，先下入姜片煸香，转大火，下入鳝鱼段爆炒至断生；

❺ 加水至八分满，焖煮至沸腾后转小火，炖20分钟；

❻ 加盐，下皮蛋，再煮10分钟，至汤色淳白，最后下豆腐，煮沸时即可关火，加入鸡精，起锅撒入小葱即可。

坨妈碎语

❶鳝鱼活杀现做汤味才鲜，死鳝不宜做汤。

❷鳝鱼表皮上那一层黏液要清洗干净，可在清洗时在鱼身表面抹上一层粗盐用手揉搓，多冲洗几次就可完全干净。然后再加料酒和姜片腌渍，可去除腥味。

元气滋补

　　雪梨南北杏炖里脊，是广式经典老火汤的代表之一。两广地处沿海，气候潮湿闷热，所以当地人多喜欢炖制清凉祛火的汤水来养生滋补。这道汤就是两广人秋季最常煲的一款。以润肺清燥、止咳化痰的雪梨，加上润肺平喘、生津开胃、祛痰宁咳的南北两种杏仁，还有清淡无油的里脊肉，老火慢炖而成，汤味清甜，清热祛火，是秋季养生的最佳汤品。

雪梨南北杏炖里脊
清 火 润 心 止 秋 燥

准备好

雪梨2个

猪里脊肉200克

蜜枣3颗

南北杏仁各10克

盐1勺半

水适量

这样炖

❶ 南北杏仁用水浸泡1小时,洗去表面杂质,蜜枣备用;

❷ 猪里脊肉切成2厘米见方的小块;

❸ 将里脊肉过沸水汆至断生后捞出;

❹ 雪梨去皮,去核,切成大块;

❺ 取一汤煲,下入雪梨、里脊肉、蜜枣和泡好的南北杏仁,加入水约至九分满;

❻ 盖上盖子,大火煮沸后转小火,炖2小时,关火后加少量盐调味即可。

坨妈碎语

❶此汤主味清甜,所以盐不可多加,也不可早下,否则会破坏汤的味道。

❷肉在此汤中只起到一个出鲜的作用,并不做食用。广东人煲汤,多是把食材炖至烂化,然后弃料留汤,将精华留在汤中。

元气滋补

秋季转凉、气候干燥，易引起口干咽燥、干咳少痰、皮肤干燥等症。同时冷热交叠，感冒多发。秋季感冒最常见的就是久咳不止，很多人是感冒好了仍然咳嗽，吃药打针均不见效。而在这时，传统食疗反而更见效。百合川贝炖雪梨就是我国最传统的一款秋季食疗养生汤，百合、川贝、雪梨均是秋季润肺清火、化痰止咳的良品，加冰糖清炖，对治疗肺热久咳有奇效。

川贝百合炖雪梨

化痰止咳效果好

准备好

干百合3克

川贝4粒

雪梨1个

冰糖5克

水适量

这样炖

❶ 干百合用清水浸泡至涨发；

❷ 川贝用擀面杖捣碎成粉末状；

❸ 雪梨洗净去皮，用雕花刀从顶部四分之一处刻开，再用挖勺器挖空内核；

❹ 将川贝粉、百合、小块冰糖倒入雪梨洞中，最后加入清水与梨口边缘齐平；

❺ 将雪梨连盘子放入已经烧上汽的蒸锅中，盖上一个小盖子，或者把切下来的雪梨当盖子盖住亦可；

❻ 盖上蒸锅，小火蒸2小时即可。

坨妈碎语

❶ 炖制的过程中，雪梨本身也会出水，所以最好把雪梨放入炖盅或者有一定深度的盘子中，这样炖出来的原汁也不会浪费。

❷ 自己食用不讲究外观好看的，把雪梨切块加水炖煮，功效相同。

元气滋补

　　冬季气候寒冷，人的运动量相对减少，新陈代谢减慢，人体的脂肪大部分转化为热量来抵御严寒，所以本身气血较虚，且气血流通不畅，一遇上温度变化就容易感冒。冬季是感冒多发期，应常食增强机体免疫功能的黄芪和乌鸡，加上可补中益气、养血生津的党参，这道汤品对冬季调理体质、预防疾病有很好的功效。

党参黄芪乌鸡汤

补 中 益 气 固 本 元

准备好

2斤左右乌鸡1只

党参、黄芪各10克

红枣15克

姜片10克

盐2勺

白胡椒粉少许

水适量

这样炖

❶ 乌鸡宰杀清洗干净；

❷ 将处理好的乌鸡剁成半寸左右大小的块；

❸ 将鸡块过沸水余至刚断生捞出；

❹ 将鸡块倒入汤煲中，加入姜片、红枣、党参、黄芪；

❺ 然后加入水约至九分满；

❻ 盖上盖子，大火煮沸后转小火，炖1小时，关火前20分钟加盐，关火后加白胡椒粉调味即可。

坨妈碎语

因为是直火煲汤，不是隔水炖，所以这里炖汤时间不宜过长，1小时左右即可。第一因为乌鸡本身肉质较嫩，易熟，不宜久煮，以防鸡肉变老；第二也防止水分收干，再兑水就丧失了原汤的鲜美。

元气滋补

冬令进补是常识, 身体要有充足的元气和能量, 才能抵抗冬季的严寒。羊肉性温, 可补元气, 治虚寒, 益气血, 最适宜于冬季食用。红枣补血益气, 山药补脾养胃, 枸杞子明目养肝, 橙皮可去油腻和腥膻味儿, 党参益肺。此一碗汤, 为冬令进补之最佳选择。

滋补羊肉汤

暖身和胃补中气

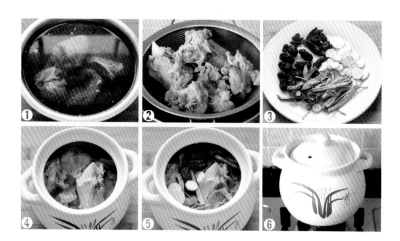

准备好

羊腿骨 1000 克

红枣 15 克

党参 10 克

干淮山 10 克

枸杞子 5 克

橙皮 3 克

生姜 10 克

料酒 15 克

盐 2 小勺

鸡精半小勺

白胡椒粉少许

水适量

这样炖

❶ 羊腿骨剁成大块，放清水中 4 小时以上，浸泡出血水；

❷ 将羊腿骨过沸水汆烫至断生后捞出；

❸ 红枣、干淮山、党参、枸杞子、橙皮、生姜等洗净备用；

❹ 取一个直身汤煲，下入羊腿骨、姜片和料酒；

❺ 再加入各种滋补食材；

❻ 盖上锅盖，大火煮沸后转小火，炖 2 小时，最后 15 分钟加盐，关火后加鸡精、白胡椒粉调味即可。

坨妈碎语

羊腿骨最好提前浸泡出血水，须先过水汆烫，煮汤时加料酒生姜以去除腥味。盐不可早放，以免羊肉过老，使汤失其鲜美。

胡萝卜红薯鲫鱼汤，
以鲫鱼、胡萝卜、红薯入汤，
有养胃益脾、护眼利肠之功效，
冬季食用更可暖胃祛寒，
是补充孩子营养极好的汤品。

第四章

孩子益智

长身体 元气汤

🍲 元气滋补

给孩子炖汤，一重补脑、二重补钙。因为儿童处于生长发育期，身体和智力发育都需要充足的营养供给，才能长得更高更壮，变得更聪明。在健康专家推荐的营养食材中，猪大骨无疑是公认的补钙最佳，还有不可缺少的海产，可补充氨基酸、微量元素、不饱和脂肪酸、促进钙质吸收，比起肉类有更强的健脑作用，因此这道汤是儿童必备第一营养汤。

瑶柱大骨海带汤

补碘补钙益成长

准备好

猪大骨2根

鲜海带结500克

瑶柱(干贝)20克

生姜15克

盐3勺

鸡精1勺

白胡椒粉少许

小葱适量

水适量

这样炖

❶ 猪大骨洗净,剁成1寸左右长的段,用清水浸泡2小时,析出血水后滤出备用;

❷ 瑶柱洗净用清水浸泡至涨发;

❸ 海带结冲洗干净;

❹ 取一大砂锅,下入大骨,倒入大半锅水;

❺ 盖上盖子,煮至沸腾后用滤网打去浮沫,反复两至三次,至浮沫全部除尽;

❻ 生姜去皮拍散下入锅内,盖上盖子,转小火炖2小时。

❼ 待汤色变白时转大火,下入海带结;

❽ 再下泡好的干贝,加盐,盖上盖子,再炖30分钟,关火后加鸡精、白胡椒粉调味,装盘时撒上小葱增香。

坨妈碎语

❶骨汤的杂质浮沫要打得够干净,汤的口感才更纯正。

❷大骨汤讲究的是火功,只有小火慢炖,时间到位,汤才鲜浓厚重,色如奶白,不可用高压锅炖制,口感差别很大的。

元气滋补

此汤摒弃传统的萝卜，以新鲜水果入汤，不仅营养更高，也可为肉类汤品解腻，同时水果的清甜和果香也能使汤的口感更甜美，更受小朋友的欢迎。秋冬季孩子多喝此汤，可养气益肺，有效预防秋燥咳嗽。

秋梨苹果排骨汤

清甜滋润营养高

准备好

排骨4根

苹果、梨各1个

姜片10克

盐2勺

鸡精半小勺

水适量

这样炖

❶ 排骨洗净,剁成1寸左右长的小段;

❷ 过沸水汆至断生,捞出备用;

❸ 将排骨、姜片倒入汤煲中;

❹ 加入约九分满的水,盖上盖子,大火煮沸后转小火,炖1小时,至汤色淳白;

❺ 苹果、梨去皮、去核、切大块;

❻ 下入汤煲中,盖上盖子,大火煮沸转小火再煮2分钟即可,关火后加盐、鸡精调味。

坨妈碎语

❶ 水果入汤,不宜久煮,否则会造成维生素的大量流失,基本是煮熟即可,只取其香和果汁的甜味。

❷ 盐应在最后放入,否则肉质变老,同时水果的甜味会被改变。

元气滋补

　　酸酸甜甜带点咸,是孩子最喜欢的口味,所以番茄汤也成了最受孩子们欢迎的汤品。普通的番茄汤,酸甜味并不厚重,如果是西式的番茄浓汤,加上营养丰富又美味鲜嫩的鳕鱼,不仅味道更鲜美,营养也更充足哦!

番茄鳕鱼浓汤

酸 甜 开 胃 高 蛋 白

准备好

番茄2个

鳕鱼200克

蛋清1个

盐1勺半

生粉3克

白胡椒粉少许

柠檬汁1小勺

黄油20克

番茄酱30克

水50克

这样炖

❶ 整番茄用开水烫1分钟,然后剥去外皮,切成小块;

❷ 将番茄倒入料理机中,加入50克水,搅打成糊状;

❸ 鳕鱼去皮切成小块,置于碗中,加入蛋清、生粉、柠檬汁、小半勺盐和少许白胡椒粉,拌匀腌渍5分钟;

❹ 汤锅注水煮沸,下入鱼肉扒散,至鱼肉变白即捞出;

❺ 煎锅中火加热,放入黄油加热至熔化,然后倒入搅打好的番茄糊,加入盐和番茄酱;

❻ 转小火炖煮至汤汁浓稠,再下入汆过水的鱼肉,翻炒均匀,至汤汁均匀包裹在鱼肉上即可关火。

坨妈碎语

❶ 番茄要去皮,煮出来的浓汤才更均匀漂亮;没有柠檬汁可用白醋代替。

❷ 鳕鱼汆至刚断生即可,因为最后还要再回锅加热一次,所以这里不用煮太熟,久煮口感会变老。

元气滋补

在给孩子补脑益智的营养品中，海虾是最好的食材之一。海虾不仅含多种蛋白质、矿物质、维生素和氨基酸，同时它还能为大脑提供营养。海虾的虾肉中含有三种重要的脂肪酸，能使人脑长时间保持精力集中。豆制品和鸡蛋，也是对孩子补钙和益智发育都有裨益的食材。因此这道鲜虾豆腐蛋花汤，是成长期儿童最好的营养汤品。

鲜虾豆腐蛋花汤

补充蛋白质与微量元素

准备好

基围虾 150 克

内酯豆腐 100 克

鸡蛋 1 个

小葱花 10 克

植物油 40 克

姜末 5 克

盐 1 勺半

鸡精半小勺

白胡椒粉少许

热水适量

这样炖

❶ 新鲜基围虾洗净；

❷ 掐头，抽虾线，剥去虾壳，剥出虾仁备用；

❸ 内酯豆腐切成 2 厘米见方的块；

❹ 汤锅入油，大火烧至八成热，先下姜末煸香，然后下入虾仁爆至颜色变红；

❺ 加入半锅热水，下入豆腐和盐，搅拌均匀；

❻ 鸡蛋打散，汤锅煮至沸腾下入蛋液冲成蛋花，关火后加鸡精、白胡椒粉调味，再撒上小葱花即可。

坨妈碎语

❶ 鲜虾过油爆可增加虾肉的肥美口感。因虾肉已经爆熟，所以不宜久煮，这里加入的水最好是 80℃左右的热水或者开水，加冷水煮沸，虾肉会变老。

❷ 蛋液需沸腾时下锅，快速倒入然后迅速拨散，才能冲出漂亮的蛋花，蛋花浮起即关火，否则口感会老。

元气滋补

在中国的学龄儿童中，近一半的孩子患有假性近视或近视。这和中国的教育环境脱不了关系，在这样的生存环境中，如何保护孩子的视力、预防近视，就成为了家长们首要的课题。除了习惯的培养，食物营养也是一定要注意的。猪肝中富含蛋白质、卵磷脂和微量元素，有利于儿童的智力发育和身体发育。猪肝、菠菜、胡萝卜中均含有丰富的维生素A，常饮此汤，有助于消除眼科病症。

胡萝卜菠菜猪肝汤

补 铁 补 肝 眼 睛 亮

准备好

菠菜200克

猪肝150克

胡萝卜100克

生姜10克

盐1勺半

鸡精、老抽各半小勺

白胡椒粉少许

生粉5克

料酒3克

植物油30克

水适量

这样炖

❶ 菠菜去根，洗净；

❷ 猪肝切片，加入生粉、料酒、小半勺盐、老抽拌匀；

❸ 胡萝卜去皮切成小丁，生姜切末；

❹ 汤煲注入大半锅水，下入油、盐、姜末、胡萝卜丁；

❺ 大火煮沸后下入菠菜，煮至再次沸腾时下入猪肝；

❻ 用筷子快速搅散，至猪肝变色断生时关火，加入鸡精、白胡椒粉调味即可。

坨妈碎语

❶ 菠菜、猪肝均为开锅下入，烫熟即可，不可久煮，尤其猪肝，一定要在最后下，烫熟即关火，否则口感会很老。

❷ 菠菜吸油，要先下油再下菠菜，煮出来的菠菜才绵软爽滑，油放得少了，菠菜口感会很生脆。

元气滋补

在孩子爱喝的汤品中，炖蛋无疑是排名第一的。蛋羹的软嫩鲜美，入口即化，如果再加上肥美鲜嫩的文蛤，那美味就更要升级啦！常食文蛤，可润五脏、止消渴、健脾胃，同时文蛤和鸡蛋都富含丰富的蛋白质、矿物质和维生素，以及人体所需的氨基酸，是非常好的儿童营养汤品。

文蛤炖蛋
营养丰富高蛋白

准备好

文蛤500克
鸡蛋2个
盐1勺
鸡精1/3小勺
鲜贝露1小勺
小葱花5克
温开水200克

这样炖

❶ 文蛤在清水中漂洗几遍，然后加入少量盐或者几滴油，亦可在盆中投入一枚硬币，用清水养6小时以上，使其吐尽泥沙；

❷ 汤锅注入大半锅水，大火煮沸后下入文蛤，煮至文蛤全部开口后捞出；

❸ 鸡蛋打散，加入盐和鸡精，然后兑入50℃左右的温开水，一边缓缓加入一边搅打均匀；

❹ 汆过水的文蛤放入蛋液中，最好开口朝上，包上保鲜膜，放入已经烧上汽的蒸锅中；

❺ 盖上盖子，大火1分钟，然后转小火蒸20分钟；

❻ 将蒸好的蛋羹取出，在表面撒上少许小葱花，再淋上少许鲜贝露即可。

坨妈碎语

❶文蛤要开水下锅，煮至开口即熟。

❷蛋与水比例最好为1：2。水最好是50℃左右的温开水。

❸容器表面盖盖子或包上保鲜膜，可保证蛋羹表面光滑平整。

元气滋补

　　对学龄期儿童来说, 保护视力, 无疑是重中之重, 而胡萝卜中丰富的维生素A, 是护眼最好的良药。同时鲫鱼富含多种蛋白质和氨基酸, 红薯的粗纤维能促进肠道运动和营养吸收, 以此三样入汤, 有和中补虚、养胃益脾、护眼利肠之功效, 尤其冬季食用更可暖胃祛寒、预防肠道感冒, 是全面补充孩子营养和调理脾胃极好的汤品。

胡萝卜红薯鲫鱼汤

调理脾胃食欲好

准备好

1斤半左右鲫鱼1条

胡萝卜100克

红薯200克

小葱末、姜片各10克

料酒10克

盐1勺半

鸡精半勺

白胡椒粉少许

植物油50克

水适量

这样炖

❶ 鲫鱼宰杀清理干净,用料酒把鱼周身连同内膛抹一遍,腌渍15分钟;

❷ 胡萝卜、红薯去皮,滚刀切大块;

❸ 汤锅入油,大火烧至八成热,下入姜片煸香,转中火,下入鲫鱼,煎至两面焦黄起皮;

❹ 下入红薯和胡萝卜块,加入水约至九分满;

❺ 加盖,大火煮沸后打去浮沫,转小火煮40分钟,关火前15分钟下盐,关火后加鸡精、白胡椒粉调味;

❻ 最后装盘时,撒上适量小葱末增香即可。

坨妈碎语

❶ 鱼要用料酒腌渍去腥,内脏鱼鳃等要清理干净,鱼要先用油煎过,煮汤时浮沫要去除干净,汤味才更鲜更淳没有异味。

❷ 鲫鱼、胡萝卜和红薯的味道本身清甜,所以此汤盐不可早放也不可多放,否则鱼的肉质会变老,汤的味道也不鲜甜。

❸ 火候和时间是重点,需小火慢炖,汤色淳白即为炖好了。

元气滋补

对孩子来说, 玉米是最健康营养的食品。第一补充膳食纤维, 对肠道有益; 第二健脾益胃; 第三其富含的叶黄素和玉米黄质(胡萝卜素的一种), 能够保护眼睛中叫做黄斑的感光区域, 尤其适合用眼过度的学生; 第四对治疗青春痘和痘痘肌肤恢复也有一定的作用。再加上补钙补蛋白质、益智补脑的豆腐和鱼头, 这道汤可以说是最强的营养汤品。

玉米鱼头豆腐汤

益 智 补 钙 营 养 高

准备好

鱼头 1 个

玉米 2 根

内酯豆腐 1 盒

姜片 10 克

料酒 10 克

植物油 50 克

盐 2 勺

鸡精半勺

白胡椒粉少许

开水适量

这样炖

❶ 鱼头去鳞去鳃，对剖两半，姜片和料酒腌渍 10 分钟；

❷ 玉米切成 1 寸左右长的段；

❸ 炒锅入油，大火烧至八成热时，下入姜片煸香，转中火，下入鱼头，煎至两面焦黄；

❹ 将煎好的鱼头转入汤锅中，下入玉米，加入约八分满的开水；

❺ 加盖，大火煮沸后打去浮沫，转小火，煮 50 分钟；

❻ 内酯豆腐切小块下入汤锅中，加盐，再煮 10 分钟关火，然后加鸡精、白胡椒粉调味即可。

坨妈碎语

❶ 鱼头要新鲜，要用料酒腌渍，要事先过油煎过，煮出的汤要打尽浮沫去除杂质，汤才不腥，盐不可早下，味道才更鲜甜。

❷ 好的鱼头汤，汤色奶白浓淳为佳，所以火功一定要到位。

❸ 内酯豆腐不宜久煮，尤其不可盖着锅盖煮，会煮成蜂窝状或者煮开花，影响美观。

🥣 元气滋补

　　菠菜含有6种维生素、24种微量元素和多种营养成分，可益视力、补血气，加上高蛋白质的蛏子和富含17种氨基酸的白灵菇，此汤营养极高，有益孩子的生长发育，味道鲜美又不油腻，适合孩子的肠胃和口味。

菌菇菠菜蛏子汤

养 肝 补 铁 好 营 养

准备好

蛏子 500 克

菠菜 200 克

白灵菇 100 克

姜片 10 克

植物油 30 克

盐 1 勺半

鸡精、白胡椒粉少许

水适量

这样炖

❶ 蛏子用清水养半天，可在水面滴几滴油，或者在水中加半勺盐，使其吐尽泥沙；

❷ 菠菜去蒂洗净；

❸ 白灵菇剪去根部，洗净备用；

❹ 汤锅加水煮沸，下入蛏子煮至再次沸腾后捞出；

❺ 汤煲加入约大半锅水，下入姜片和植物油，水沸时下入蛏子和白灵菇，煮至再次沸腾；

❻ 最后下入菠菜，再煮 1 分钟左右关火，加盐、鸡精、白胡椒粉调味即可。

坨妈碎语

❶ 此汤不宜久煮，所有食材煮熟即可。蛏子久煮肉会变老，菠菜久煮会损失营养成分，所以只在开锅时下入，烫至熟软即可关火。

❷ 喜欢海鲜味重的，可省略蛏子汆水的步骤，直接在汤中下入蛏子，汤和海鲜味会更浓。但相应地会有些腥，汤色也不够清澈，所以怎样操作取决于个人的口味啦。

元气滋补

　　孩子的饮食最好以清淡为主,肉类食物因为油脂厚腻对于孩子来说最好适量进食,不宜过多。此时肉食的最好替代品,就是海鲜。鱼、虾、蟹、贝类营养丰富,含多种矿物质、氨基酸和脂肪酸,且高蛋白低脂肪,口感更清爽不油腻,再加上清热解火的冬瓜,此汤营养丰富且味道鲜美,很适合孩子的口味。

虾仁干贝冬瓜汤

多 吃 海 产 益 大 脑

准备好

基围虾300克

干贝20克

冬瓜400克

姜片、葱花各10克

植物油40克

盐2勺

鸡精半勺

白胡椒粉少许

水适量

这样炖

❶ 干贝用清水浸泡至涨发；

❷ 基围虾洗净，剥壳抽去虾肠；

❸ 冬瓜去皮切成约3毫米厚的片；

❹ 汤锅入油，大火烧至八成热，改小火，下入姜片煸香，改大火，下入虾仁爆成红色；

❺ 下入冬瓜翻炒1分钟，再倒入泡好的干贝；

❻ 加入水约至八九分满，煮至再次沸腾后转小火，加入盐，再煮2~3分钟，关火后加鸡精、白胡椒粉调味，最后撒上葱花即可。

坨妈碎语

❶此汤不宜久煮，久煮虾肉口感会老，冬瓜会煮得过烂。

❷鲜虾和冬瓜本身是味道很清淡的食材，这里加入干贝是为了增加汤的鲜度和味道，也可用其他干海鲜来代替。

红枣、淮山、南瓜，
都是补中益气、补脾养胃非常好的食材。
以这三者入汤，
不仅可调养脾胃，
同时对和气血、补肾阴也是极好的。

第五章

老人延年

益寿元气汤

元气滋补

天麻是我国传统的名贵中药材，其药性主治头晕头痛、中风手足不遂、筋骨疼痛、行步艰难、腰膝沉重等症。以天麻炖土鸡，是老年人常吃的滋补佳品，对治疗头晕头痛、预防中风、强筋健骨非常有效。

天麻炖土鸡

降 压 明 目 止 头 晕

准备好

2斤左右土鸡1只

天麻1支

枸杞子10克

红枣20克

姜片10克

盐1勺

料酒10克

水适量

这样炖

❶ 土鸡宰杀清理干净，剁成半寸左右大的块，置于大碗中，用料酒腌渍15分钟；

❷ 将鸡肉过沸水氽至断生后捞出；

❸ 将鸡块倒入大号炖盅中，加入姜片、枸杞子、天麻、红枣；

❹ 加入约九分满的水；

❺ 盖上炖盅的盖子，放入注水的汤锅中，注意水不要超过炖盅的一半；

❻ 盖上锅盖，大火煮沸后转小火，炖4小时，关火后加少量盐调味即可。

坨妈碎语

❶ 隔水炖汤，火候是关键，需长时间小火慢炖，讲究一气呵成，中途不可开盖，以防味道和香味流失。

❷ 此汤讲究原汁原味，除盐之外最好不要加任何其他调料。

❸ 盐最好在最后加，早放盐鸡肉口感会老，汤也不够鲜甜。

元气滋补

山楂具有降血脂、降血压、强心、抗心律不齐等作用。同时也是健脾开胃、消食化滞、活血化痰的良药,对胸膈脾满、疝气、血瘀、闭经等症有很好的疗效。桑葚可防止血管硬化、健脾胃、助消化、乌发美容、预防白发、防癌抗癌、治疗贫血,再加上不含胆固醇、富含纤维的麦仁,这款汤,是多数老年人的日常保健汤。

山楂桑葚麦仁汤

活 血 滋 阴 祛 胸 闷

准备好

燕麦仁 100 克
干桑葚 10 克
干山楂 20 克
冰糖 30 克
水适量

这样炖

❶ 燕麦仁 100 克;

❷ 干桑葚 10 克;

❸ 干山楂 20 克;

❹ 冰糖 30 克;

❺ 将燕麦仁、干桑葚、干山楂过水淘洗干净;

❻ 倒入汤锅中,加入冰糖,加入约10倍的水,盖上锅盖,大火煮沸后转小火,炖煮40分钟即可。

坨妈碎语

❶ 燕麦仁如果提前泡至涨发,煮汤的时间可缩短一半。

❷ 给糖尿病患者食用的话,请去掉配方中的冰糖。

❸ 此汤如少放水,或者熬煮至比较浓稠,可当粥品食用。

元气滋补

中国自古即有"以脏补脏""以心补心"的说法,猪心能补心,治疗心悸、心跳、怔忡。常食猪心虽不能完全改善心脏器质性病变,但可以增强心肌、营养心肌,有利于功能性,或神经性心脏疾病的痊愈。猪心加上清心火、祛热的莲子和百合,此汤对老年人怡养安神,治疗神经衰弱有很好的疗效。

百合莲子猪心汤

补心清火效果好

准备好

干百合 10 克

磨皮白莲（莲子）100 克

枸杞子 5 克

猪心 1 个

冰糖 30 克

水适量

这样炖

❶ 百合、莲子用清水浸泡至涨发；

❷ 猪心清洗干净后浸泡 4 小时以上，析出血水；

❸ 将猪心下入大锅沸水中烫至表面变白；

❹ 将猪心捞出切成薄片；

❺ 取一汤煲，下入百合、莲子、枸杞子、冰糖和大半锅水，煮至沸腾后转小火炖 20 分钟，然后下入猪心片；

❻ 煮至再次沸腾后打尽浮沫，即可关火。

坨妈碎语

❶ 莲子和百合需事先浸泡，直接煮很难煮至软烂。

❷ 猪心烫至表皮变白即可，完全煮熟口感会老，切成片的猪心下锅余熟即关火，不宜久煮。

一 元气滋补

银耳入汤，滋润而不腻滞，具有补脾开胃、益气清肠、安眠健胃、补脑、养阴清热、润燥之功效。而且价格实惠，相比人参、燕窝等，银耳是老百姓日常养生最常见的食材。而罗汉果味甜性凉，对治疗痰热咳嗽、咽喉肿痛有奇效。所以罗汉果炖银耳，应对老年人秋季燥咳或肺虚痰多是再好不过的啦！

罗汉果炖银耳

滋 阴 润 肺 止 久 咳

准备好

银耳15克

罗汉果1个

冰糖40克

水适量

这样炖

❶ 银耳浸泡至涨发，剪去黄色蒂部，撕成小朵，漂洗干净，去除杂质；

❷ 罗汉果对剖，将中间的馕籽部分抠出备用；

❸ 取一汤煲，下入罗汉果籽、冰糖，加入约八分满的水，大火煮沸后转小火，炖20分钟；

❹ 将罗汉果籽捞出；

❺ 下入银耳；

❻ 盖上盖子，小火炖1小时即可。

坨妈碎语

❶ 罗汉果本身有甜味，所以不喜过甜的人，冰糖可以不用加太多。

❷ 银耳汤炖至最后会很浓稠，为防煳底，炖至最后要注意不时搅动一下。

元气滋补

豆腐高蛋白、低脂肪，具降血压、降血脂、降胆固醇的功效，生熟皆可食，老幼皆宜，是养性摄生、益寿延年的美食佳品。鲶鱼不仅像其他鱼一样含有丰富的营养，且肉质细嫩、少鱼刺，适合老年人食用。同时含有丰富的蛋白质和脂肪，对体弱虚损、营养不良之人有较好的食疗作用。

鲶鱼豆腐汤

强 筋 壮 骨 易 消 化

准备好

2斤左右鲶鱼1条

水豆腐200克

植物油50克

料酒15克

姜片10克

盐2勺

鸡精半小勺

白胡椒粉少许

小葱末少许

水适量

这样炖

❶ 鲶鱼活杀，清理干净后切成小段，加料酒和姜片腌渍15分钟；

❷ 水豆腐切成正方小块；

❸ 汤锅入油，大火烧热，先下姜片煸香，然后下入鱼块翻炒至断生；

❹ 加九分满的水，盖上盖子，大火煮沸后转小火，炖30分钟；

❺ 炖至汤色奶白时开盖，加入盐；

❻ 下入豆腐再煮3~5分钟，关火后加鸡精、白胡椒粉调味，最后撒上小葱末即可。

坨妈碎语

❶鱼要新鲜活杀、清理干净，要事先用料酒姜片腌渍去腥，煮出来的汤味才够鲜甜。

❷同时煮的时间火功要够，汤色才能色如牛奶。盐不可早下，否则鱼肉会变老不鲜甜。

元气滋补

蛤肉其性滋润而助津液，故能润五脏，止消渴，开胃化积，滋阴利水。加上同样清火去热，行水利湿的带皮冬瓜、薏米和老鸭同煲汤，可消肿利尿，清热解暑，对需要补充食物的高血压肾脏病、水肿病等老年性常见疾病，可达到消肿而不伤正气的作用。

蛤肉冬瓜煲老鸭

滋 阴 补 肾 消 水 肿

准备好

文蛤700克

老鸭半只

冬瓜300克

姜片10克

薏米30克

盐2小勺

鸡精半小勺

白胡椒粉少许

水适量

这样炖

❶ 文蛤用清水浸泡半日,可在水中加少许盐或者几滴油,使其吐尽泥沙;

❷ 将文蛤过沸水,煮至开口后捞出,取出蛤肉备用;

❸ 老鸭洗净剁小块,鸭肉过沸水,余至刚断生后捞出;

❹ 冬瓜洗净去子,带皮切成长方大块;

❺ 取一汤煲,下入鸭肉、姜片、薏米、蛤肉,加入水至九分满;

❻ 盖上盖子大火煮沸后转小火,炖1小时。开盖加盐,下入冬瓜再焖10分钟左右关火,最后加鸡精、白胡椒粉调味。

坨妈碎语

❶冬瓜带皮煲汤,行水清火效果更佳。

❷鸭皮油脂极多,炖煮时不用再另外加油,如不喜油厚,可在下冬瓜之前将表层浮油撇出。

❸炖冬瓜需一气呵成,下入后炖10~15分钟再开盖。

一元气滋补

泥鳅属于高蛋白、低脂肪食品,胆固醇含量更少,同时含一种类似廿碳戊烯酸的不饱和脂肪酸,有利人体抗血管衰老,有益于老年人及心血管病人。黄瓜可清热利水、解毒消肿、生津止渴,与泥鳅同煮具有补中益气、益肾助阳、行水祛湿、暖脾胃、止虚汗之功效。

鳅鱼黄瓜汤

健脾补肾益中气

准备好

泥鳅500克

黄瓜1根

料酒15克

姜片10克

盐2小勺

植物油40克

鸡精半小勺

白胡椒粉少许

水适量

这样炖

❶ 泥鳅活杀，清洗干净；

❷ 剁成1寸长的小段，加料酒、姜片腌渍15分钟；

❸ 黄瓜去皮切成长条状；

❹ 汤锅入油烧热，下入姜片煸香，再下入泥鳅爆至断生；

❺ 加入约九分满的水，盖上锅盖，大火煮沸后转小火，炖20分钟；

❻ 开盖加盐，再下入黄瓜煮10分钟左右，关火后加鸡精、白胡椒粉调味即可。

坨妈碎语

泥鳅表皮附有很多细菌和寄生虫，所以一定要注意清洗干净。清洁时，最好用粗盐把表面涂抹搓洗一遍，再过水冲洗干净，以去除表层的黏液和薄膜。

一 元气滋补

竹荪具有滋补强壮、益气补脑、宁神健体的功效，常食可补气养阴、润肺止咳、清热利湿。猴头菇有增进食欲、增强胃黏膜屏障机能、提高淋巴细胞转化率、提升白细胞等作用。故可以提高人体免疫力，同时对神经衰弱、消化道溃疡有良好疗效，更有明显抗癌功效。所以常喝此汤，可有病治病、无病强身，是老年人极好的补品。

猴头菇竹荪排骨汤

补 虚 益 气 保 肝 肾

准备好

猴头菇 30 克

竹荪 30 克

猪排骨 500 克

姜片 10 克

盐 2 小勺

鸡精半小勺

白胡椒粉少许

水适量

这样炖

❶ 猴头菇用清水浸泡至涨发；

❷ 猴头菇挤去水分后切成片状；

❸ 将猴头菇片装入大盆，加满水煮至沸腾；

❹ 捞出过水冲洗，并反复揉捏挤压，挤尽水分；

❺ 竹荪用清水浸泡至涨发；

❻ 排骨剁成长1寸左右的小段，过沸水余至断生后捞出；

❼ 取一大汤煲，加入排骨、竹荪、猴头菇、姜片和适量水；

❽ 盖上锅盖，大火煮沸后转小火，炖1小时，最后20分钟加盐，关火后加鸡精、白胡椒粉调味即可。

坨妈碎语

猴头菇一定要反复浸泡、煮熟，挤出水分再浸泡、再冲洗再挤再浸泡，直至菇体没有异味。没有处理好的猴头菇煮出来的汤，会很酸涩发苦，无法食用。

🥣 元气滋补

老年人一般脾胃较虚，同时中气不足易燥咳，所以需多食温补益气的食物，红枣、淮山药、南瓜都是对补中益气、补脾养胃、清火润燥非常好的食材，以这三者入汤，不仅可调养脾胃，同时对和气血、补肾阴也是极好的。

红枣淮山南瓜汤

和胃调气助消化

准备好

红枣 15 克

南瓜 200 克

淮山药 300 克

冰糖 40 克

水适量

这样炖

❶ 红枣洗净;

❷ 南瓜去皮去子切大块;

❸ 淮山药去皮切块;

❹ 将除南瓜外所有食材倒入汤煲中, 加入水约至九分满;

❺ 盖上盖子, 大火煮沸后转小火, 炖 20 分钟;

❻ 最后下入南瓜, 再炖 10 分钟即可。

坨妈碎语 冰糖的比例随个人口味自己调节, 红枣和南瓜本身味甜, 如果给糖尿病患者食用, 可以不用加冰糖。

牛筋花生红枣汤：
　牛筋含丰富胶原蛋白质，
　有强筋壮骨之功效，
　加上能提高免疫力的红枣和花生，
　此汤对男性预防骨质疏松有很好的效果。

第六章

男性补肾

益精 元气汤

元气滋补

男性比女性平日要消耗更多的体力，而男性的体力源自于元气，所以常食固本培元、养精益气的食物是正道。牛尾能补气养血、强筋骨、益肾养胃补虚，含有大量B族维生素、烟酸、叶酸，营养丰富，加上可益肝健脾明目、增强免疫力、降糖降脂的胡萝卜，此汤不失为男性日常养生的基础汤品。

胡萝卜牛尾汤

补 肾 益 气 壮 骨 汤

准备好

牛尾1根

胡萝卜2根

姜片10克

料酒15克

盐2小勺

鸡精半小勺

白胡椒粉少许

水适量

这样炖

❶ 牛尾洗净剁成大块，加料酒、姜片腌渍30分钟；

❷ 将牛尾过沸水汆至断生后捞出；

❸ 胡萝卜去皮，滚刀切大块；

❹ 取一大汤煲，下入牛尾、姜片，加入水至八分满；

❺ 盖上锅盖，大火煮沸后转小火，炖2小时；

❻ 至汤色淳白时加盐，下入胡萝卜，再炖15分钟关火，加鸡精、白胡椒粉调味即可。

坨妈碎语

❶ 牛尾最好提前浸泡出血水，并用料酒、姜片腌渍，以去除腥味。

❷ 胡萝卜不宜久煮，以免营养成分流失，所以最后下入，炖至熟烂即可。

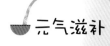

元气滋补

受多方因素影响，男性在日常生活和工作中比女性要付出更多的体力劳动，相应地就需要更多地补充体力、强健体魄。牛筋含丰富胶原蛋白质，能增强细胞生理代谢，延缓衰老，有强筋壮骨之功效，加上能提高免疫力的红枣和补钙抗老化的花生，常饮此汤，对男性强筋健骨、预防骨质疏松有很好的效果。

花生红枣牛筋汤

强 筋 壮 骨 抗 疲 劳

准备好

牛板筋500克

红枣30克

带皮花生50克

姜片10克

盐2小勺

鸡精半小勺

白胡椒粉少许

水适量

这样炖

❶ 牛板筋洗净；

❷ 分切成三大块，过沸水氽至断生；

❸ 再过冷水冲洗一遍，改刀成小块；

❹ 炒锅入油，烧热后下入姜片、牛筋翻炒2分钟；

❺ 将炒过的牛筋倒入高压锅中，加入盐、红枣和花生，加入约5倍的水；

❻ 盖上盖子，大火烧上气后转小火，压30分钟，关火放气后加鸡精、白胡椒粉调味即可。

坨妈碎语

❶ 牛筋生切不成形，要过沸水氽熟，再过冷水冲使其紧实，才方便改刀。同时氽水也可去除腥味。

❷ 牛筋不易熟烂，建议最好用高压锅制作。

元气滋补

　　鲍鱼是名贵的海珍品之一，肉质细嫩，鲜而不腻。中医认为鲍鱼可补阳，止渴通淋，是一种温补而不燥的海产，吃后没有牙痛、流鼻血等副作用，所以是日常进补的上佳之选。鸡是最常见的补气养虚的食材，鲍鱼炖鸡，不仅味道鲜美无敌，营养价值也是极高的。

鲍鱼砂锅鸡

养阴平肝固肾精

准备好

鲜鲍鱼 3 只

干香菇 15 克

红枣 10 克

黄花 5 克

姜片 10 克

仔鸡 1 只

盐 2 小勺

白胡椒粉少许

水适量

小葱末适量

这样炖

❶ 新鲜鲍鱼去除背壳，清洗杂质，洗净备用；

❷ 干香菇、黄花、红枣用清水浸泡至涨发，剪去蒂部，备用；

❸ 仔鸡宰杀清理干净，从尾部开口掏出内脏，将双腿交叉盘起；

❹ 大锅水煮沸，下入全鸡，氽至断生后捞出；

❺ 将煮过的水倒掉，重新注水，下入鸡、鲍鱼、姜片、香菇、黄花和红枣，盖上盖子，大火煮沸后转小火，炖 1 小时；

❻ 最后加盐，将鸡转入砂锅中码好造型，再煮至沸腾后关火，加白胡椒粉调味，最后撒上小葱末即可。

坨妈碎语

鲍鱼的营养价值极为丰富，而鲜鲍保留的营养价值远胜干鲍，虽然干鲍的鲜味更足，汤味更浓，但制成干鲍的方法及烹调方法必定流失大量有价值之元素，所以建议还是用鲜鲍。

元气滋补

　　成年男性相比起女性, 喜饮酒者居多, 尤其工作应酬时喝酒在所难免。酒伤肝、积毒素, 所以多喝保肝排毒的汤品是十分必要的。冬笋有滋阴凉血、和中润肠、清热益气、利尿通便解毒、养肝明目消食等多种功效。而枸杞子可增强免疫力、养肝滋肾润肺, 猪肝可补肝明目养血。三者同食, 保肝、滋肾, 有助排酒毒。

冬笋枸杞子猪肝汤

益 肝 滋 肾 补 气 血

准备好

冬笋、猪肝各200克

枸杞子20克

姜末10克

生粉、生抽各3克

料酒5克

植物油30克

盐2小勺

鸡精半小勺

白胡椒粉少许

水适量

这样炖

❶ 猪肝切薄片，加入生粉、生抽、料酒拌匀；

❷ 冬笋切厚片；

❸ 将冬笋过沸水煮2分钟后捞出；

❹ 汤锅入油，烧热后下入姜末，再下入冬笋翻炒1分钟；

❺ 加入盐和适量水，盖上锅盖，大火煮沸后转小火，煮25分钟至汤色淳白；

❻ 最后转大火，下入枸杞子和猪肝，将猪肝汆熟后即关火，加入鸡精、白胡椒粉调味即可。

坨妈碎语

猪肝不宜久煮，否则口感会老，所以最后开锅下入，烫熟即可。

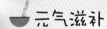

元气滋补

　　男性保健,除补充元气体力之外,另一重点是肾精,肾强精血足,才有更强的性能力。猪腰即猪肾,有补肾、强腰、益气的作用,可治肾虚所致的腰酸痛、遗精等症。杜仲可补肝肾,强筋骨,增强肾上腺皮质功能。而荷叶有行水利湿、健脾升阳之功效。常服此汤,对治疗男性肾虚大有裨益。

荷叶杜仲猪腰汤

补 益 肝 肾 泄 湿 浊

准备好

猪腰1只

料酒15克

姜片、荷叶、杜仲各10克

植物油15克

盐1勺

白胡椒粉少许

水适量

这样炖

❶ 猪腰用料酒拌和、捏挤,用水漂洗两三遍;

❷ 对剖改花刀,再切成方形长条状;

❸ 将猪腰过沸水氽至断生后捞出;

❹ 取一汤煲,下入腰花、姜片、荷叶、杜仲、植物油;

❺ 加入水至九分满;

❻ 盖上盖子,大火煮沸后转小火,炖20分钟,关火后加盐、白胡椒粉调味即可。

坨妈碎语

❶猪腰膻味较重,需反复捏挤、漂洗、并用开水氽烫,方可去除膻臭。

❷如果不想猪腰煮太老,可先煮荷叶和杜仲,最后1分钟下入氽过水的猪腰,煮至再次沸腾关火即可。

元气滋补

　　芡实营养丰富, 对心、肝、脾、胃、肾皆有益处, 常食可补脾开胃、固肾涩精、强志聪耳目。白果含有多种蛋白质、氨基酸和微量元素, 可畅血管、护肝脏、改善大脑功能、润皮肤、抗衰老。鸽肉补肝壮肾、益气补血、清热解毒、生津止渴。此汤不失为男性日常保健养生的首选。

芡实白果鸽子汤

固 肾 涩 精 止 虚 泄

准备好

白果30克

芡实30克

鸽子2只

姜片10克

盐1勺半

白胡椒粉少许

水适量

这样炖

❶ 白果30克备用；

❷ 用刀背拍开白果外壳，剥出果肉；

❸ 鸽子宰杀后处理干净，剁成小块；

❹ 鸽肉过沸水氽至断生后捞出；

❺ 将鸽肉、姜片、芡实、白果下入汤煲中，加入适量水；

❻ 盖上盖子，大火煮沸后转小火，炖1小时，关火后加盐、白胡椒粉调味即可。

坨妈碎语

❶ 鸽肉易熟，氽水时间不宜过长，沸腾后下锅，氽至刚断生即可，久煮会损失原汤的鲜度。

❷ 盐不可早放，以免鸽肉口感变老。

一元气滋补

　　十男九痔，男性的难言之隐大多于此。食河蚌可止渴除热，解毒祛赤，可疗痔疾。玉米可开胃利胆、通便利尿。淮山能益气养阴，补脾肺肾，固精止带。常饮此汤，对男性泌尿及消化系统大有裨益。

玉米淮山蚌肉汤

解 毒 除 热 消 痔 疾

准备好

小河蚌700克

玉米2根

淮山药500克

盐2勺

植物油40克

鸡精半小勺

白胡椒粉少许

水适量

这样炖

❶ 小河蚌在清水中漂洗几遍，然后加入少量盐或者几滴油，用清水养6小时以上，使其吐尽泥沙；

❷ 汤锅注水煮沸，下入河蚌，煮至开口后捞出；

❸ 将蚌肉挑出备用；

❹ 玉米切成长条；

❺ 淮山药去皮滚刀切大块；

❻ 汤锅入油烧热，下入淮山药、玉米翻炒1分钟，然后下入蚌肉；

❼ 加入水至九分满；

❽ 盖上锅盖，大火煮沸后转小火，炖30分钟，关火后加盐、鸡精、白胡椒粉调味即可。

坨妈碎语 山药最好临下锅前再去皮切块，切好后立刻下锅，以防因接触空气氧化变黑。如果提前切，切完后可泡在水里防止变黑；此汤主清甜，盐不可早放。

元气滋补

　　年长男性常受前列腺疾病、脱发与老花眼的困扰，常食黑豆和鲤鱼，可祛风除热、调中下气、解毒利尿，可以有效地缓解尿频、腰酸。同时黑豆中含有丰富的维生素E和花青素，可清除体内自由基，驻颜抗衰老、明目、乌发。

黑豆鲤鱼汤

补肾益阴祛肺燥

准备好

黑豆 100 克

鲤鱼 1 条

姜片 10 克

料酒 15 克

植物油 30 克

盐 2 小勺

鸡精半小勺

白胡椒粉少许

小葱末适量

水适量

这样炖

❶ 黑豆用清水浸泡 4 小时以上至涨发；

❷ 鲤鱼宰杀清理干净，两面打花边后用料酒和姜片腌渍 5 分钟；

❸ 汤锅入油烧热，下入鲤鱼，中火煎至两面起皮；

❹ 加入黑豆和约九分满的水；

❺ 盖上锅盖，大火煮沸后转小火，煮 20 分钟，加入盐再煮 5 分钟；

❻ 关火后加鸡精、白胡椒粉调味，最后撒上小葱末即可。

坨妈碎语

鲤鱼不可过大，否则肉质会比较老。

元气滋补

男性四十岁以后，患前列腺疾病的概率很高，宜多食利通排浊之食物，加强对泌尿系统的保健。田螺能清热消渴、利尿通淋、明目退黄，紫苏能行气消滞、散寒宽中。多饮此汤，可行气利尿消水肿，除寒湿。

紫苏田螺汤

行气利尿消水肿

准备好

田螺500克

紫苏、姜片各10克

植物油30克

盐2小勺

料酒10克

白胡椒粉少许

水适量

这样炖

❶ 用牙刷刷尽田螺表面泥垢，反复冲洗多次后，加少许盐，用清水浸泡6小时以上，使其吐尽泥沙；

❷ 将吐尽泥沙的田螺捞出备用；

❸ 紫苏用清水浸泡至涨发；

❹ 炒锅入油，大火烧热，下入姜片、田螺，翻炒2分钟，加盐、料酒烹香；

❺ 下入紫苏，加入水至约八分满；

❻ 盖上锅盖，大火煮沸后转小火，煮20分钟，关火后加少许白胡椒粉即可。

坨妈碎语

田螺中泥沙较多，需反复刷新、浸泡、冲洗，使其吐尽泥沙。同时寄生虫也较多，需长时间高温久煮，以杀灭寄生虫和虫卵。

元气滋补

众多医学专家对牛鞭的壮阳功效表示认可,认为其含有雄性激素、蛋白质、脂肪等成分,具有补肾壮阳的功效,是上好的男性补品。加上同样补肾阳、强筋骨的巴戟和杜仲,常饮此汤,可固本培元、补肾益阳,对男性阳痿早泄、腰膝酸软有较好的疗效。

巴戟杜仲炖牛鞭

补 肾 壮 阳 祛 风 湿

准备好

牛鞭1根

巴戟、杜仲各10克

红枣15克

姜片10克

盐1勺半

水适量

这样炖

❶ 牛鞭去皮抽去尿管，浸泡冲洗干净后，下入沸水中氽至变硬；

❷ 剪去牛鞭外部筋膜和血管；

❸ 将牛鞭剁成1寸左右长的小段；

❹ 将牛鞭过沸水再氽一遍，以去除腥臊味；

❺ 将牛鞭、红枣、姜片、巴戟、杜仲倒入汤煲中，放入盐，加入水至九分满；

❻ 盖上盖子，大火煮沸后转小火，炖1小时。

坨妈碎语

❶ 牛鞭需清理干净尿管，并反复冲洗浸泡，氽两次水，以去除腥臊味。

❷ 牛鞭富含胶原蛋白，早下盐，可使胶原的口感更有弹性，更紧实。

桃胶皂角米炖银耳：
桃胶、皂角米、银耳胶原蛋白含量极高，
常饮此汤，不仅可美颜养肤，
还能滋阴润肺、益气清肠，
对粉刺色斑也有改善作用。

第七章

女人 美颜

焕肤 元气汤

元气滋补

燕窝可润肺止咳、补中益气。
女性常食燕窝能保养肌肤，使肌
肤滋润、光滑、富有弹性。燕窝里
含有丰富的活性蛋白，可促进人
体组织生长，提高免疫能力。

冰糖炖燕窝

滋阴养颜肌肤好

准备好

白燕窝 1 个
冰糖 20 克
纯净水适量

这样炖

❶ 将白燕窝剪开外包装；

❷ 用纯净水浸泡 4 小时左右，取出用小镊子夹出绒毛；

❸ 用手顺着纹路撕成细条，再接着浸泡 4 小时，中途要换 2~3 次水，并漂洗和挑出浮毛；

❹ 将泡发好的燕窝倒入炖盅中，放入冰糖，加纯净水，至刚浸过燕窝即可；

❺ 盖上盖子，放入锅中，锅中加水到炖盅 1/3 即可；

❻ 盖上锅盖，大火煮沸，然后转最小火，炖 30 分钟，至表面呈现少量泡沫，有点沸腾、黏稠感，闻起来有蛋清香味即可。

坨妈碎语

❶ 干净、杂质少、色泽好、盏形大且完美、纤维紧密的才是高级的燕窝。泡水后成渣或者泡不开的，是假燕窝。

❷ 燕窝要充分浸泡，多次换水，并注意挑出绒毛，但有些过于细小的无法夹出也没关系。

🥣 元气滋补

药用和食用的雪蛤实际上是雌性东北林蛙的输卵管，具有强身健体、美容养颜的功效，男女老少皆宜。燕窝同样是养颜圣品，在我国有上千年的食用历史，明、清时被列为宫廷贡品。加上清火润肺、美容丰胸的木瓜，此汤可谓是让女性更美丽的终极武器。

木瓜燕窝炖雪蛤

润 肺 滋 阴 抗 衰 老

准备好

木瓜半个

白燕盏（燕窝）1个

雪蛤1只

冰糖25克

纯净水适量

这样炖

❶ 雪蛤置于小碗中，用纯净水浸泡2小时；

❷ 撕去雪蛤黑色筋膜，然后换水再接着浸泡10小时，中途再换2~3次水；

❸ 白燕盏用纯净水浸泡2小时左右，用小镊子夹出绒毛，用手顺着纹路撕成细条，再接着浸泡4小时，中途要换两三次水，反复清理绒毛，捞出备用；

❹ 将泡发好的燕窝和雪蛤倒入炖盅中，放入冰糖，加纯净水至炖盅八分满；

❺ 盖上盖子，放入锅中，大火煮沸后转最小火，隔水炖30分钟左右；

❻ 木瓜去皮掏空，将燕窝和雪蛤倒入木瓜中，再置于蒸格上，盖上锅盖大火蒸15~20分钟即可。

坨妈碎语 真品雪蛤外观呈黄色、黄褐色或淡黄色块状，蜡质明显半透明；伪品多以牛蛙肠子制成碎油，呈黄至浅黄色，色泽较真品浅，无黑色血管网。

元气滋补

随着年龄的增长，女性体内胶原蛋白流失，会造成皮肤松弛、长出皱纹，所以随时注意补充胶原蛋白是很有必要的。桃胶、皂角米、银耳可以说是植物界里胶原蛋白含量最高的。常饮此汤，不仅可美颜养肤，还能滋阴润肺、益气清肠，对粉刺色斑也有改善作用。

桃胶皂角米炖银耳

滋 阴 养 颜 补 胶 原 蛋 白

准备好

桃胶40克

皂角米40克

银耳2朵

冰糖100克

水适量

这样炖

❶ 将桃胶清水浸泡2小时以上，中途需换水，将表面杂质清除；

❷ 将皂角米浸泡2小时以上；

❸ 银耳浸泡至涨发后，剪去蒂部，撕成小朵；

❹ 将所有泡发好的材料过水冲洗；

❺ 倒入高压锅中，加入10~15倍的水，加入冰糖；

❻ 盖上盖子，大火烧上汽后转小火，炖40分钟即可。

坨妈碎语

❶桃胶表面会附着许多杂质，需浸泡冲洗干净。

❷银耳不易熟烂，建议最好使用高压锅。而有些银耳即使用高压锅也炖不软，那是品质问题，所以注意挑选好的银耳。

元气滋补

在众多水果中, 木瓜尤其深受女性朋友的喜爱, 因其对减肥很有帮助, 同时含有木瓜酶促进乳腺激素分泌, 很多人相信常食木瓜可丰胸。而杏仁除了营养丰富、清火润肺, 还能促进皮肤微循环、增加红润光泽, 具有美容的功效。

木瓜杏仁炖牛奶

丰 胸 美 颜 更 漂 亮

准备好

木瓜1个
牛奶100克
杏仁粉10克'
糖粉5克

这样炖

❶ 木瓜洗净备用；

❷ 削去表皮，从中对剖，掏空内瓤，将其中一半置于小盘中成为木瓜盏，另一半切成小块；

❸ 牛奶中加入杏仁粉和糖粉，搅拌均匀；

❹ 将牛奶杏仁液倒入木瓜盏中，再放几块切碎的木瓜；

❺ 将木瓜带盘放入蒸锅；

❻ 盖上盖子，大火烧上汽后转小火，炖20分钟即可。

坨妈碎语

❶ 将木瓜底部削平更容易放置平稳，注意不要削到掏空的部位即可，以免牛奶渗漏。

❷ 蒸木瓜时最好表面盖个小盖子，或者把削下的木瓜顶盖上，以防水汽渗入牛奶中冲淡味道。

元气滋补

人们常说，女人是水做的，所以在干燥的季节，女人也更喜欢喝滋润的汤来补水养生。百合莲子银耳汤，是多数女人在秋冬季节最喜欢的汤品，因为它清润祛火、化痰止咳，更可静心安神、美容养颜。同时口感清甜、食材便宜，是最大众化最受欢迎的女性滋养汤品。

百合莲子炖银耳

宁 气 安 神 养 容 颜

准备好

银耳 15 克

干百合 10 克

磨皮白莲(莲子)80 克

冰糖 40 克

水适量

这样炖

❶ 银耳用清水浸泡至涨发，剪去蒂部，撕成小朵；

❷ 干百合泡发；

❸ 莲子浸泡 2 小时以上；

❹ 将所有泡发好的食材捞出，过水冲洗后倒入汤煲中，加入冰糖和 3~5 倍的水；

❺ 盖上盖子，大火煮沸后转小火，炖 30 分钟左右；

❻ 至银耳软烂即可关火。

坨妈碎语

❶此汤亦可用高压锅炖制，银耳和莲子口感会更软烂。

❷ 不去芯的莲子，养心安神祛斑效果好，但汤味会有点苦，所以这里只看如何取舍。

元气滋补

桂圆、红枣、枸杞子、红糖均有滋阴补气血、益气健脾胃的功效，可用于产妇产后补血，以及经期妇女调经理痛之用，女性朋友们常喝此汤，还能养颜美容哦！

桂圆红枣红糖汤

补 气 养 血 止 痛 经

准备好

红枣 60 克

枸杞子 30 克

桂圆 30 克

红糖 30 克

水 800 克

这样炖

❶ 红枣、枸杞子、桂圆置于盘中；

❷ 清洗干净后用冷水泡发 1 小时；

❸ 将泡发好的材料沥干水分倒入汤煲中，加入 800 克水，加入红糖；

❹ 搅拌均匀，盖上盖子，大火烧开后转小火，炖 30 分钟左右即可。

坨妈碎语

红枣、枸杞子、桂圆均是甜度较高的食材，如果不喜欢过甜，此汤中红糖可少放。但红糖在此处起养血作用，所以如生理期或产妇饮此汤，还是要多加些红糖为好。

🥄元气滋补

　　蜜枣有补血、健胃、益肺、调胃之功能，百合可养阴润肺，清心安神，薏米可清热除湿。常饮此汤，对女性清润滋阴、预防湿疹、痘痘、肺火、燥咳有较好效果。

蜜枣薏米百合汤

排毒祛痘效果好

准备好

蜜枣60克

干百合10克

薏米100克

冰糖30克

水适量

这样炖

❶ 干百合用清水浸泡至涨发；

❷ 薏米淘洗干净浸泡至涨发；

❸ 蜜枣60克备用；

❹ 冰糖30克备用；

❺ 将所有原料倒入汤煲中，加入水至九分满；

❻ 盖上盖子，大火煮沸后转小火，炖30分钟即可。

坨妈碎语

❶ 此汤煮至薏米开花即可，不用久煮。

❷ 做汤按1:10加水，如按1:5左右可作粥食用。

❷ 本汤不适合孕妇饮用，因为薏米对女性子宫平滑肌有兴奋作用，孕早期吃了易引起先兆流产。

元气滋补

对大多数女性来说，减肥永远是第一要务，所以常饮能清身排毒、清脂减油的养生汤是很有必要的。冬瓜、荷叶、薏米都是可清热排毒、刮油祛脂的食材，夏季饮用还有败火、祛痘、治便秘之功效。

冬瓜荷叶薏米汤

清 脂 纤 体 更 苗 条

准备好

薏米 100 克

冬瓜 200 克

干荷叶 10 克

冰糖 20 克

水适量

这样炖

❶ 薏米淘洗干净；

❷ 薏米用清水浸泡至涨发；

❸ 冬瓜去皮、去子，切成方形厚片；

❹ 取一汤煲，下入冬瓜、荷叶、薏米和冰糖；

❺ 加入水至九分满；

❻ 盖上盖子，大火煮沸后转小火，煮 20 分钟即可。

坨妈碎语

❶ 此汤如作减肥用，可不加冰糖。

❷ 孕妇、肠胃功能虚弱者不宜饮此汤。

坨坨妈：元

元气滋补

　　成年女性总为各种经期问题烦恼，如痛经、月经不调，中年女性更有闭经的困扰，其实这都是血瘀不畅、气血虚亏引起的。藏红花是活血化瘀的最佳良药，加上补气益虚的红糖和消水肿、补肾的黑豆，此汤对女性气血瘀积引起的各种经期问题有很好的疗效。

藏红花黑豆红糖汤

活 血 化 瘀 治 痛 经

准备好

黑豆 100 克
红糖 25 克
藏红花 1 克
水适量

这样炖

❶ 黑豆洗净；

❷ 黑豆用清水浸泡 4 小时以上至涨发；

❸ 将泡过的水滤净，重新加入约 10 倍的水，盖上盖子，大火煮沸后转小火，煮 30 分钟；

❹ 煮至黑豆开花即可；

❺ 加入红糖搅拌均匀；

❻ 最后撒上藏红花，再煮 5 分钟左右即可。

坨妈碎语

❶ 黑豆浸泡后更易煮至熟烂，想要更软烂的口感可使用高压锅。

❷ 藏红花对子宫有较强的刺激和收缩作用，孕期和经期内不可服用。可治产后血瘀或经血少，不适用于月经过多或者产后血崩。

🍲 元气滋补

此汤与上一道汤品功效类似, 均有治疗女性痛经、闭经与月经不调的功效。只不过藏红花黑豆红糖汤主泄, 行水散淤, 而山药红花红枣汤主补, 益气补血。两款汤品可结合饮用, 先散而后补, 才是正确的保养方法。

藏红花山药红枣汤

经 期 烦 恼 一 扫 光

准备好

红枣50克

山药200克

冰糖25克

藏红花1克

水适量

这样炖

❶ 红枣洗净;

❷ 山药去皮切大块;

❸ 冰糖备用;

❹ 将所有材料放入汤煲中,加入水至九分满;

❺ 盖上盖子,大火煮沸后转小火,炖30分钟;

❻ 最后撒上藏红花,再煮5分钟即可。

坨妈碎语 冰糖亦可换成红糖。

阿胶桂圆红枣汤：
阿胶、红枣、桂圆均为补血佳品，
此汤可用于孕妇气血两虚，
能益心脾、养血气、安心神、补阴元。

第八章

孕产妇补益

元气汤

元气滋补

对孕妇来说, 保养和滋补是相当需要谨慎的, 很多食材虽大补, 但对孕妇来说并不合宜。而海参是少有的几种高档滋补品中尤其适合孕妇的补品, 常食可滋阴补血、润燥益肾、养胎利产, 对防治产后虚弱也有很好的功效。

虫草花乌鸡炖海参

滋阴养血静气安胎

准备好

海参2只

虫草花30克

乌鸡1只

姜片15克

枸杞子15克

盐2小勺

白胡椒粉少许

水适量

这样炖

❶ 新鲜海参需清理干净内脏，干海参需用5℃以下的纯净水浸泡至涨发后，再反复冲洗多次；

❷ 虫草花用清水浸泡至涨发；

❸ 乌鸡宰杀剁成小块，过沸水汆至断生后捞出；

❹ 高压锅内倒入鸡块、姜片、泡好的虫草花和洗净的枸杞子，加入约5倍的水；

❺ 加入海参；

❻ 盖上锅盖，大火煮沸后转小火，炖30分钟，关火后加盐和白胡椒粉调味即可。

坨妈碎语

❶ 如果使用干海参，泡发时不可沾到油和杂质，水最好用5℃以下的纯净水，否则会出现肉质溶化的现象。

❷ 感冒发热、风湿痛风、脾胃虚寒、咳嗽痰多、舌苔厚腻者，不宜食用海参。

一元气滋补

孕妇滋补所用食材，一般应以平和为主，不宜过寒或过热。鸭肉可滋阴清虚、清热健脾，红枣和山药性味平和，可养血益气、润肺养阴。所以这道红枣山药水鸭汤，是非常平和适合滋阴养气、温补胎气的汤品。

红枣山药水鸭汤

清火滋阴补胎气

准备好

2斤半老鸭1只

姜片10克

红枣20克

山药500克

盐2勺半

鸡精半小勺

白胡椒粉少许

水适量

这样炖

❶ 鸭宰杀清理洗净；

❷ 山药去皮滚刀切大块；

❸ 煮一大锅水，沸腾后下入整鸭，汆至刚刚断生后捞出；

❹ 将汆过水的鸭放入一大汤煲中；

❺ 下入山药、红枣、姜片，加入水约至九分满；

❻ 盖上锅盖，大火煮沸后转小火，炖2小时，关火前30分钟加盐，关火后加鸡精、白胡椒粉调味即可。

坨妈碎语 山药最好临下锅前再去皮切块，切好后立刻下锅，以防因接触空气，氧化变黑。如果提前切，切完后可泡在水里防止变黑。

元气滋补

阿胶、红枣、桂圆均为补血佳品，此汤可用于孕妇气血两虚，能益心脾、养血气、安心神、补阴元。

阿胶桂圆红枣汤

养血安胎效果好

准备好

干桂圆30克

红枣20克

阿胶35克

冰糖30克

水适量

这样炖

❶ 干桂圆备用；

❷ 干桂圆、红枣置于大碗中用清水浸泡至涨发；

❸ 将干桂圆、红枣捞出倒入汤煲中，加入水至九分满，下入冰糖；

❹ 盖上盖子，大火煮沸后转小火，炖20分钟；

❺ 下入阿胶；

❻ 用小勺不停搅拌，小火加热，至阿胶溶化后关火。

坨妈碎语 阿胶胶质很重，要小火加热、不停搅拌以免煮煳，如果想更易溶化，可以拍碎再下锅。

🍲 元气滋补

　　孕妇最常见的症状是食欲缺乏、胃气不畅，并伴有呕吐和心烦。此汤有温暖脾肾、下气止痛、宽膈疏滞、除呕逆、增食欲、止冷泻、化滞消食的功效，可有效改善孕期妊娠反应，同时可治疗孕妇受外力碰撞以致的胎动不安、腹痛等症状。

砂仁鲫鱼汤

止吐醒胃安胎儿

准备好

鲫鱼1条

料酒、砂仁各10克

红枣20克

姜片10克

植物油30克

盐1勺半

鸡精半小勺

白胡椒粉少许

小葱末适量

水适量

这样炖

❶ 鲫鱼宰杀清理干净，用料酒腌渍5分钟；

❷ 砂仁10克；

❸ 用刀背拍碎外壳，取出里面的砂仁籽；

❹ 汤锅入油烧热，先下姜片煸香，再下入鲫鱼中火煎至两面起皮；

❺ 下入砂仁、红枣和适量水；

❻ 盖上锅盖大火煮沸后转小火，炖20分钟左右，然后加入盐再煮5分钟，关火后加鸡精、白胡椒粉调味，最后撒上小葱末即可。

坨妈碎语

砂仁要拍碎外壳只取其籽，不要连壳一起煮汤，一是功效减低，二是口感会苦。

🥄 元气滋补

因为腹中胎儿会从母体中吸取营养，所以孕妇最易出现气血两虚的症状，同时伴有水肿，以及孕吐带来的肠胃虚弱。此时，饮用补虚益气、调理脾胃、消水肿的黄芪党参鲫鱼汤是最好的选择。最重要的是黄芪和党参都是性温无毒的中药，对孕妇及胎儿没有副作用。

党参黄芪鲫鱼汤

补 虚 培 元 益 胎 气

准备好

鲫鱼1条

料酒、党参、黄芪、

红枣、姜片各10克

植物油30克

盐1勺半

鸡精半小勺

白胡椒粉少许

小葱末适量

水适量

这样炖

❶ 鲫鱼宰杀清理干净，用料酒腌渍5分钟；

❷ 汤锅入油烧热，下入姜片小火煸香；

❸ 下入鲫鱼，中火煎至两面起皮；

❹ 下入红枣、党参和黄芪；

❺ 加入水至九分满；

❻ 盖上锅盖，大火煮沸后转小火，炖20分钟，最后加盐再煮5分钟，关火后加鸡精、白胡椒粉、小葱末即可。

坨妈碎语

此汤中水不宜加得过多，一般在3倍左右即可，以免鱼汤味道不足；冬天连锅上桌，口感和热度会更好。

元气滋补

此汤属于本人自创，灵感来源于匈牙利炖鸡和韩式辣炒鸡。我来了个综合，让它不像传统的匈牙利炖鸡那么腻，也不像传统韩式辣炒鸡那么辣。各种口味都有，但都绝不过分，所以适合孕期妈妈的口味。酸甜中带咸和辣，尤其土豆和番茄的加入，可以开胃和气止吐，是非常好的一款孕期汤品哦！

土豆番茄鸡肉汤

开胃和气止孕吐

准备好

鸡腿8只

土豆2个

番茄2个

大蒜末20克

姜片、辣椒粉各10克

小葱3根

韩式辣椒酱15克

番茄酱30克

植物油50克

盐1勺半

鸡精适量

水适量

干香料碎3克

（干罗勒、百里香、

欧芹、胡椒碎等）

这样炖

❶ 鸡腿洗净；

❷ 土豆去皮滚刀切大块；

❸ 番茄切同样大小的块；

❹ 炖锅倒入植物油，中火加至八成热时，下入鸡腿，煎至表面变黄；

❺ 将鸡腿盛出，油留在锅中，下姜片、大蒜末煸炒出香，改大火，下土豆和番茄，加盐，翻炒1分钟，至番茄出水；

❻ 加入辣椒粉、韩式辣椒酱和番茄酱，翻炒均匀后小火炖2分钟，再下入煎过的鸡腿；

❼ 倒入没过所有材料的水，搅匀，把小葱打结放入；

❽ 盖上锅盖，大火煮沸后转小火，炖40分钟，至水分收至原来的一半，土豆汤汁变得浓稠时关火，加少量鸡精和干香料碎调味即可。

坨妈碎语 土豆煮至粉烂后，汤汁会变浓稠容易粘锅，所以为免煮煳，最后要注意不时搅动一下锅底。

元气滋补

汽锅鸡是云南独有的特色汤品, 利用汽锅聚集蒸汽而成汤汁, 可谓原汤之精华。三七可止血散瘀、消肿定痛, 对产后血晕, 恶露不下有奇效。加上补气养虚的人参和土鸡, 此汤对产后体力及元气的恢复大有裨益。

三七人参汽锅鸡

产后止血补气血

准备好

2斤左右土鸡1只

红枣10克

枸杞子5克

人参1支

干香菇15克

生姜10克

三七粉2克

盐2小勺

水适量

这样炖

❶ 将人参、红枣、干香菇、枸杞子等用清水泡发后捞出;

❷ 土鸡剁成小块,过沸水汆至断生后捞出;

❸ 三七粉备用;

❹ 将以上所有食材放入汽锅中;

❺ 蒸锅注水,将汽锅置于蒸格上;

❻ 盖上盖子,大火烧开后转小火,蒸2小时左右,关火后加少量盐调味即可。

坨妈碎语

❶ 土鸡最好选小一点的仔鸡,肉质更嫩、更甜,也容易炖熟;

❷ 汽锅鸡讲究的是原汁原味,烹饪时不要放一滴水,完全用水蒸气汇集成汤汁,而且除盐之外,最好也不要放其他调料;

❸ 此汤炖制的时间很长,所以最好选用个大的蒸锅,下面多加些水,防止烧干。中途不要随意打开锅盖或者汽锅的盖子,以免味道和香味流失。

元气滋补

南瓜可调补脾胃，排骨可补益元气，对产后体虚有较好的疗效。同时藏红花可行血气、加强子宫收缩，所以此汤亦对产后化瘀血和治疗腰痛非常有效。

藏红花南瓜排骨汤

行 气 活 血 产 后 化 瘀

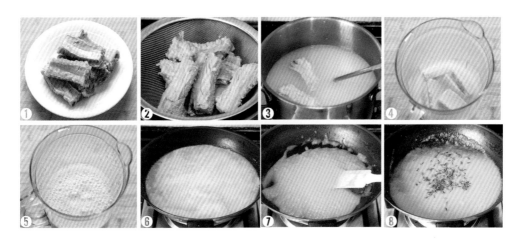

准备好

猪排骨500克

南瓜200克

藏红花3克

姜片10克

盐2小勺

鸡精半小勺

白胡椒粉少许

水适量

这样炖

❶ 猪排骨剁成约2寸左右长的段;

❷ 过沸水汆至断生;

❸ 将排骨倒入汤锅,加姜片、约10倍的水,大火煮沸后转小火,炖2小时至汤色淳白,最后10分钟加盐;

❹ 南瓜去皮、去子、切块,与排骨汤(排骨除外)一起倒入料理机中;

❺ 搅打成均匀的糊状;

❻ 将南瓜糊倒入不粘锅中;

❼ 大火煮沸后小火加热,不停翻炒至汤汁浓稠;

❽ 最后加入藏红花再煮1分钟关火,加鸡精、白胡椒粉调味,最后加入排骨混合即可。

坨妈碎语

❶南瓜糊煮至比较浓稠时容易粘锅,要小火加热不停翻炒。

❷做成南瓜浓汤是为了好看,如果想省事,直接将南瓜切块加排骨一起炖,功效相同。

元气滋补

木瓜红枣鲫鱼汤是广式煲汤中的传统滋养汤品,除有清心润肺、健脾益胃的功效外,对产后补虚和催乳也有很好的效果。尤其是鲫鱼同时也具有促进伤口愈合、拔毒生肌的作用,对剖宫产手术后的恢复也是非常有益的。

木瓜红枣鲫鱼汤

下 奶 好 帮 手

准备好

1斤左右鲫鱼1条

木瓜200克

红枣20克

姜片、料酒各10克

植物油30克

盐2小勺

鸡精半小勺

白胡椒粉少许

小葱末适量

水适量

这样炖

❶ 鲫鱼宰杀清理干净，用料酒腌渍5分钟；

❷ 木瓜去皮、去子、切小块；

❸ 汤锅入油烧热，下入姜片煸香；

❹ 下入鲫鱼中火煎至起皮；

❺ 下入木瓜、红枣，加水至九分满；

❻ 盖上锅盖大火煮沸后转小火，炖20分钟后加盐，再煮10分钟后关火，加鸡精、白胡椒粉调味，最后撒上小葱末即可。

坨妈碎语 如果不想过多地破坏木瓜中的维生素，可将木瓜最后放，沸锅中烫1分钟即可，不过汤味会淡一些。

元气滋补

《名医别录》注：猪蹄可下乳汁。《本草图经》注：行妇人乳脉，滑肌肤。黄豆炖猪蹄，是流传了千年的下奶名汤，对产妇催乳有极好的效果，同时也能美容养颜哦！

黄豆煲猪蹄

外婆传下来的下奶汤

准备好

黄豆100克

猪蹄2只

姜片、料酒各10克

植物油30克

盐2小勺

鸡精半小勺

白胡椒粉少许

小葱末适量

水适量

这样炖

❶ 将黄豆用清水浸泡4小时以上至涨发；

❷ 猪蹄洗净、去毛，剁成小块；

❸ 汤锅入油烧热，下入姜片煸香，再下猪蹄翻炒至断生，然后下入盐和料酒烹香；

❹ 加入泡好的黄豆，加入水至九分满；

❺ 盖上锅盖，大火煮沸后转最小火，炖2小时；

❻ 炖至汤色浓白如牛奶时关火，加鸡精、白胡椒粉调味，最后撒上小葱末即可。

坨妈碎语

❶ 干黄豆不易煮熟，要充分浸泡后再煮，才更易熟烂，同时煮出的汤才浓淳炼白。

❷ 猪蹄需先加盐、过油高温爆熟，可使猪蹄的蛋白质固化，口感更有弹性。

元气滋补

产后体虚气弱，一般人会选择鸡汤来补养元气，土鸡的营养价值要更高。同时鸡也为生发之物，对催发乳汁也有一定的功效。当归作为可治妇科百病的常见中药，在这里可起到补血活血，以及剖宫产术后消肿止痛的功效。

当归土鸡汤

益气补血又下奶

准备好

2斤左右土鸡1只
姜片10克
当归、红枣各20克
枸杞子15克
盐2勺
水适量

这样炖

❶ 土鸡宰杀，清理干净；

❷ 土鸡剁成小块；

❸ 将鸡肉过沸水汆至断生后捞出；

❹ 将鸡肉、姜片、红枣、枸杞子、当归置于炖盅中，加入水至九分满；

❺ 将炖盅隔水放入汤锅中；

❻ 盖上盖，大火煮沸后转小火，炖2小时，最后加盐调味即可。

坨妈碎语

汤锅注水在盅壁三分之一处即可，以免沸腾后水进入炖盅里；炖制中途最好不要开盖，以防走气。

元气滋补

通草可清湿利水，可治产后乳少、乳汁不下。而乌鱼除营养丰富、味道鲜美之外，还具有生肌补血、促进伤口愈合的作用，对剖宫产伤口愈合有很好的疗效。

通草乌鱼汤

利 水 消 肿 下 奶

准备好

乌鱼 1 条

通草 15 克

红枣、姜片、料酒各

10 克

蛋清 1 个

生粉 3 克

植物油 40 克

盐 2 小勺

鸡精半小勺

白胡椒粉少许

小葱末适量

水适量

这样炖

❶ 乌鱼宰杀清理干净；

❷ 切下鱼头，对剖成两半；

❸ 鱼身剔骨切成薄片；

❹ 通草备用；

❺ 将鱼片加入蛋清、生粉、料酒和少许盐拌匀；

❻ 汤锅入油烧热，下入姜片煸香，再下入乌鱼头两面煎至断生；

❼ 下入通草、红枣，再加水至九分满，盖上盖子大火煮沸后转小火，炖30分钟至汤色淳白；

❽ 下盐，下入鱼片氽熟后关火，再加鸡精、白胡椒粉调味，最后撒上小葱末即可。

坨妈碎语　鱼头煎过后可有效除腥，鱼片用蛋清生粉拌过，最后下锅可保鲜嫩，不宜久煮，以免肉质过老。

🥣 元气滋补

　　鲶鱼是催乳的佳品，并有滋阴养血、补中益气、开胃利尿的作用，是妇女产后食疗滋补的必选食物。丝瓜可清凉利尿、活血通经，对产后化瘀血、通乳汁也有一定的辅助作用。

丝瓜鲶鱼汤

通乳催乳效果好

准备好

2斤左右鲶鱼1条

丝瓜200克

姜片10克

料酒15克

植物油40克

盐2小勺

鸡精半小勺

白胡椒粉少许

水适量

这样炖

❶ 鲶鱼宰杀清理干净，切成段，加姜片、料酒腌渍10分钟；

❷ 丝瓜去皮，滚刀切块；

❸ 汤锅入油烧热，下入姜片煸香，再下入鱼块翻炒至断生；

❹ 加入水至九分满；

❺ 盖上锅盖，大火煮沸后转小火，炖30分钟；

❻ 转大火下入丝瓜、盐，再煮2~3分钟关火，最后加鸡精、白胡椒粉调味即可。

坨妈碎语

丝瓜不宜久煮，最后下锅烫熟即可，以免维生素流失。

元气滋补

孕期妈妈的食物营养是最关键的，除了不能吃很多对自身和胎儿有影响的食物外，也要注意吃什么才是对胎儿好的，如果记多了嫌麻烦，那就只记住一条：均衡和全面的营养才是最好的。所以一碗综合多种营养的什锦汤，不失为一个好的选择。

什锦豆腐汤

营养全面母乳好

准备好

香菇、木耳各20克

黄花、生姜各10克

猪里脊肉50克

生粉3克

植物油30克

料酒3克

老抽半小勺

内酯豆腐200克

盐2勺

鸡精半小勺

白胡椒粉少许

小葱末适量

水适量

这样炖

❶ 香菇、木耳、黄花泡发后洗净去蒂，连同生姜一起切成细丝；

❷ 猪里脊肉切丝，加生粉、料酒、老抽和少量水拌匀；

❸ 内酯豆腐切正方小块；

❹ 汤锅入油烧热，下入姜丝煸香，然后下入香菇、木耳、黄花丝翻炒均匀，加入水至九分满；

❺ 盖上锅盖大火煮沸后转小火，煮20分钟左右；

❻ 改大火，加入豆腐、盐，煮至再次沸腾后下入猪肉丝扒散，再次煮沸后关火，加鸡精、白胡椒粉调味，最后撒上小葱末即可。

坨妈碎语

香菇、木耳过油炒一下更滑润，猪肉和豆腐都不宜久煮，所以在最后放，烫熟即可，否则口感会老。

附录 元气炖补明星食材25例

食材名称	养生功效	选购技巧
萝卜	降糖、防便秘、补钙壮骨、降血脂、嫩肤	须根少, 皮色光洁, 不伤不冻, 无黑心
莲藕	清热凉血、补铁补血、健脾开胃、缓解便秘	节细, 身圆而笔直, 皮呈淡茶色
海带	促进新陈代谢、强化骨骼、预防心血管疾病	肉质厚实, 形状宽长, 深褐或墨绿色
番茄	抗氧化、祛斑美容	颜色鲜艳、脐小、无虫疤、不裂不伤
玉米	防癌抗癌、预防血管病、降压降糖、防便秘	外皮呈青绿色, 须呈棕色有光泽
菠菜	降糖、预防贫血、防治便秘、抗衰老	菜叶干爽、无黄色斑点, 根部呈浅红色

食材名称	养生功效	选购技巧
豆腐	防癌抗癌、预防心血管疾病	外表呈乳白色、稍有光泽，质地均匀
南瓜	护肠、助消化、降血糖	瓜身连着果梗，褶纹多
冬瓜	利尿消肿、清热解毒	无虫蛀、无外伤
丝瓜	抗过敏、清热解毒	柔软而有弹性，外形稍细小
山药	增强免疫力，预防心血管粥样硬化	表皮光滑根须少，茎干肥厚、完整无伤
枸杞子	保肝明目、提高机体免疫力、抗疲劳	个大子小、肉厚质柔、色红味甜

土鸡

（续表）

食材名称	养生功效	选购技巧
莲子	平衡酸碱、清热止血、安神补脾、止遗涩精	个大饱满，颜色呈米黄色
百合	静心安神、强身壮骨、润燥止咳、美容养颜	个大瓣厚、质地细腻、外形好
红豆	补血、催乳、止泻、祛水肿、减肥	颗粒饱满均匀，表面光洁，色泽正常，无虫眼、无碎粒、无霉变、无异味
绿豆	清热降火、降血脂、降胆固醇、利尿消肿	颗粒细致、外表呈鲜绿色
银耳	养胃生津、健脑提神、解疲劳	色白、微黄，朵大体轻，有光泽，胶质厚
红枣	增强体质、防贫血、安神除烦	成熟新鲜，皮色紫红，颗粒饱满且有光泽

（续表）

食材名称	养生功效	选购技巧
排骨	滋养脏腑、润肌肤，补中益气	瘦肉粉红肉质紧密，个大均匀，无异味
乌鸡	补血养阴、退热除烦	皮油亮，毛孔清晰，骨色肉色较深、无异味
鲫鱼	和中补虚、除湿利水	好动无伤残，体表有透明黏质
老鸭	补中益气、清热利湿	体表光滑、呈乳白色，形体扁圆，肉质紧实、无异味
牛肉	补中益气、强健盘骨	肉质有弹性，颜色暗红，有光泽，无异味
猪蹄	补血通乳、健腰脚	个大均匀，颜色白里透红，无异味
干贝	滋阴补肾、和胃调中、降血压、降胆固醇	贝粒完整无缺，肉质紧实，裂纹少，表面干爽不油腻

图书在版编目（CIP）数据

坨坨妈：元气滋补汤/袁芳编著 . -- 南京：江苏凤凰科学
技术出版社，2015.1
（汉竹·健康爱家系列）
ISBN 978-7-5537-0576-7

Ⅰ.①坨… Ⅱ.①袁… Ⅲ.①保健－汤菜－菜谱 Ⅳ.① TS972.122

中国版本图书馆 CIP 数据核字（2014）第 248630 号

中国健康生活图书实力品牌

坨坨妈：元气滋补汤

编　　　著	袁　芳	
主　　　编	汉竹	
责 任 编 辑	刘玉锋　姚　远　张晓凤	
特 邀 编 辑	王　杰　李　静	
责 任 校 对	郝慧华	
责 任 监 制	曹叶平　方　晨	

出 版 发 行	凤凰出版传媒股份有限公司
	江苏凤凰科学技术出版社
出版社地址	南京市湖南路1号A楼，邮编：210009
出版社网址	http://www.pspress.cn
经　　　销	凤凰出版传媒股份有限公司
印　　　刷	北京瑞禾彩色印刷有限公司

开　　　本	720mm×1000mm　　1/16
印　　　张	12
字　　　数	70千字
版　　　次	2015年1月第1版
印　　　次	2015年1月第1次印刷

标 准 书 号	ISBN 978-7-5537-0576-7
定　　　价	32.80元（附赠："为爱煮汤吧"书签）

图书如有印装质量问题，可向我社出版科调换。